U0223947

FASHION

时装风靡记

张缈　著

重庆出版集团　重庆出版社

图书在版编目(CIP)数据

时装风靡记 / 张缈著. —重庆:重庆出版社,2019.1

ISBN 978-7-229-13396-2

Ⅰ.①时… Ⅱ.①张… Ⅲ.①服装—历史—世界
Ⅳ.①TS941-091

中国版本图书馆CIP数据核字(2018)第173989号

时装风靡记
SHIZHUANG FENGMI JI
张 缈 著

责任编辑:谢雨洁
责任校对:杨 婧
装帧设计:邹雨初

重庆出版集团
重 庆 出 版 社 出版

重庆市南岸区南滨路162号1幢 邮编:400061 http://www.cqph.com
重庆三达广告印务装璜有限公司印刷
重庆出版集团图书发行有限公司发行
全国新华书店经销

开本:787mm×1092mm 1/16 印张:12 字数:200千
2019年1月第1版 2019年1月第1次印刷
ISBN 978-7-229-13396-2
定价:69.00元

如有印装质量问题,请向本集团图书发行有限公司调换:023-61520678

导言

INTRODUCTION

时装业自诞生，如一条熠熠生辉的河流延绵至今，潮流飞泻而过，激荡着一个个迷人的旋涡而不留痕迹，光鲜之下沉淀的人文碎片，混合了欲望本身，幻化为一个个魅惑人心又光怪陆离的故事。

17 世纪欧洲的文艺复兴已进入尾声，但这场浩瀚运动的余韵丝毫没有画上休止符的意思。这是属于古典欧洲的最后一段安逸时光，接下来便是剧烈变革的 18 世纪。这段时光属于殖民主义，属于君主立宪，属于唐•吉诃德，属于伏尔泰，牛顿发现了万有引力，路易十四住进了美轮美奂的凡尔赛。一切如鲜花着锦，华丽绝伦的巴洛克式审美被贵族们青睐。结束了漫长禁欲的中世纪，经历了随文艺复兴而至的古典主义，奢靡、享乐，极尽张扬之美在当时备受推崇。

这种生活态度的具象化可以是富丽浓烈的建筑，也可以是贵族身上隆重繁复而不失精美的服饰。宫廷服装设计师按时令季节、礼仪场合的不同为王室成员设计各式新款服装，上流社会竞相模仿，形成风尚，早期时装的概念应运而生。

此后更为柔媚旖旎的洛可可风格在法国兴起并很快风靡欧洲，法国宫廷贵妇开始主持时装“沙龙”，不过“时装”仍是属于上流社会的玩物。这是一个巨变的时代，工业革命的到来让生产力得到了前所未有的飞跃提升，曾经只能依赖于手工制作的服饰工艺随着纺纱机、飞梭等现代机器的产生，极大地缩减了制作成本。贵族领边的蕾丝也出现在了平民身上。

我从最初接触服装设计到今天，已经十年。一直与时装或者说时尚打交道的我，从不认为自己是时髦的，或者说，内心深处，对人人可见的时髦有一丝抵触。对于时装或时尚，我时而是亲历者，时而是旁观者，都不影响我兀自的遐想。这本书遴选时装物语之炫丽、奇妙、滑稽，以及偶尔的无意义，一窥浮华背后的隐秘奥妙。

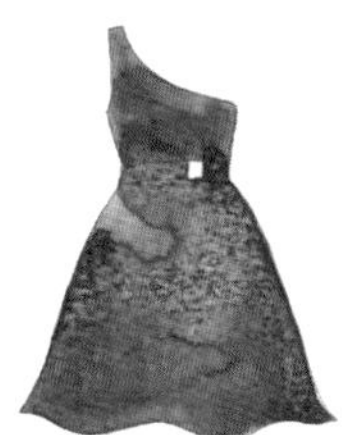

CONTENTS

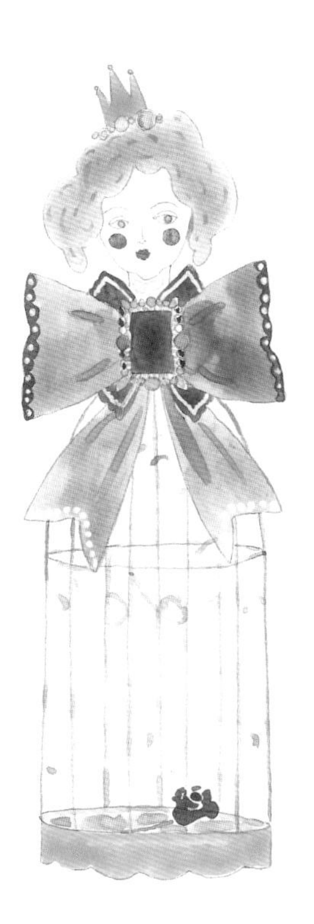

晚礼服

15 世纪的欧洲，文艺复兴的趋势愈演愈烈，意识形态的繁盛影响到人们生活的每一个细节，礼服成为贵族阶层的正式着装。注意，并非晚礼服。

真正意义上的晚礼服是 1920 年代的一个独立类别。“一战”前后，礼服线条变得更为松散与流畅，这是“男孩风格”的前身。这一时期西方女性的服饰文化一直在演进，从传统的 S 廓形到象征权力的帝政风格，女性的日常着装选择已经有了早礼服、日礼服、散步连衣裙、运动服、海边连衣裙、晚礼服或球衣等丰富的门类。正是由于有了这些标签，晚礼服的概念才得以出现，成为正式社交礼仪中的服饰。

晚礼服在今天更多地代表着着装礼仪，有两个特征将它与传统或日间的礼服区分开来。第一是剪裁，晚礼服往往是定制款，倾向于沿袭更多经典的线条。第二是织物的选择，晚礼服的织物更倾向于选用诸如丝绸、天鹅绒或塔夫绸等更为奢侈的面料，同时点缀相应的手工刺绣及钉珠，凸显不菲的价值。当然，与之匹配的往往是奢华夺目的珠宝首饰。

按礼仪要求，一件晚礼服在正式场合只能穿一次，然而并不是所有女人都时时生活在浮华的时尚世界。在不得已出席正式场合的时候，商业类的小礼服才是我们正确的选择。毕竟，Drama 的大摆尾是属于明星的斗艳武器。

一个人不是生而为女人，而是成为女人。

——《第二性》 西蒙娜 · 德 · 波伏娃（Simone de Beauvoir ）

紧身胸衣

东西方在文化上的差别也体现在服饰文化上，讲求天人合一的东方追求服饰自然而然的轮廓及线条，而讲究天人相分的西方更追求一种塑造后的曲线。两种不同的服饰文化在男权社会中都孕育出了若干残忍的女性审美，比如东方的缠足和西方的紧身胸衣。

中世纪时期的基督教势力在欧洲大陆日渐庞大，这期间的服饰文化依然是拜占庭式的，以简洁朴素为美，女性用长可及地的袍子将自己包裹得严严实实。袒胸露乳或者S形身姿都是无法想象的。十字军东征带来的一系列改变，使人们开始质疑教条，拥抱城市享乐及追求感官刺激。

紧身胸衣的风潮起源于西班牙，最开始是由布缝制而成，靠收紧带子来勒细腰肢。后来为了强调收腰和保持整体身形，人们便在其中嵌入鲸须。这种造价不菲的紧身胸衣受到了欧洲王室的追捧。它的制作工艺不断改善，并在维多利亚时代达到了鼎盛。女性的腰围越来越小，胸衣前端下部的尖角状不仅使腰看上去更加纤细，还具有视线下引的挑逗性。穿着这样的胸衣，女性的身体被雕塑成夸张的沙漏状。整整四百年，西方女性一直穿着紧身胸衣。它包裹着男性的欲望，以及女性被男权强行重塑却不自知的、对自我审美的误解。直到20世纪前期，几位设计师创造的全新风尚，特别值得一提的是可可·香奈儿(Coco Chanel)设计的套装，才使紧身胸衣终于结束了它的时代。如今，紧身胸衣作为文物被陈列在博物馆，而围观历史的我们果真得到自由了吗?

穆勒鞋

让 · 奥诺雷 · 弗拉戈纳尔（Jean Honoré Fragonard）创作的油画《秋千》中，美貌贵妇在空中荡漾的身姿使得穆勒鞋从她小巧的脚上飞了出去，而她的情人斜倚在秋千之下，一窥裙底旖旎春光。之后的爱德华 · 马奈（Édouard Manet）在《奥林匹亚》中描绘了一位赤裸的贵族女子，身上只有一枚手镯，以及一双高跟穆勒鞋。

最早的穆勒鞋可以追溯至 16 世纪，在 18 世纪它变得大受欢迎。由蓬帕杜夫人倡导的洛可可艺术风格在欧洲上流社会蔓延，从建筑雕塑到桌椅器皿，从翩翩绅士到窈窕淑女，都被这种纤巧繁琐、柔美媚人的靡丽氛围萦绕。穆勒鞋，一种无鞋背无后跟、随时可能滑落的暗含轻佻意味的精致鞋履，自然受到贵妇们的喜爱。

也许正因如此，1920 年代的穆勒鞋还与妓女扯上了关系。尽管有着强烈性暗示的历史，穆勒鞋仍然在 1950 年代被好莱坞时髦女星宠爱。玛丽莲 · 梦露（Marilyn Monroe）就常穿着细高跟穆勒鞋，走路时微微颤动，风情万种。更有女星身着内衣穿穆勒鞋拍摄宣传画报。因此这个时期的穆勒鞋也被贴上了性感的标签。

今天的穆勒鞋大多看起来中性、利落，鞋跟也变低变粗，性感的意味无形中被抹掉。毕竟过于强调女性的妩媚特性不再流行，无论是意识形态还是潮流风尚。

白衬衫

每个时代都自有一套炫富的标准，衬衫也一度成为炫富的载体。古罗马时期的衬衫是作为内衣存在的，纯白棉质，很宽松。影视剧里欧洲贵族就寝时所穿的宽松的、有荷叶边的白罩衫，是衬衫的前身。一直到 18 世纪，人们都没有赋予衬衫外穿的机会，所以它一直没有很强的存在感。

“不在衬衫上洒香水”“拥有很多上等的亚麻衬衫”“在有纯净的流水和空气的田园村舍洗涤衣服”，以此保持衬衫的洁净和气味清新——据说是那个时期判断一个人身份高低的依据。后来的衬衫一直在领子的高低、袖口的宽窄和棉布的精度及各种花色中演变，衬衫渐渐登上大雅之堂。1800 年后，假领问世。当时的人们穿着西装，如何露出衬衫领以及袖口，都是有规矩的。想要保持体面又要考虑经济状况的人，将假领浆得笔挺并不是一件难事。老派的衬衫不像如今的普通成衣一样看号型，而是看领围，尺码分得很细，目的是为了穿起来显得更挺括。

但这并不是我们这代人对衬衫的记忆。1990 年代，父辈们穿着不合身的的确良衬衣和西服，很天真地洋洋自得。还是孩子的我们，眼中看到的是夸张的大翻领衬衫和同样夸张的垫肩西服，和烟熏眼妆、塑料挎包、鸡窝烫头一样，成为了我们对那个年代的记忆。

白色婚纱

在维多利亚时期以前，姑娘们结婚时穿着的婚纱往往是曼妙的蓝色、粉色，甚至自己喜欢的任意颜色。这样做，是为了在日后的重要活动中，有机会让这件漂亮的裙装再次粉墨登场。

1840 年，维多利亚女王大婚时却选择了白色婚纱，这在当时掀起了一阵风潮，也迅速由王室蔓延至民间，成为流行风尚。在此前漫长的时光中，王室的婚姻不外乎是政治联姻，而维多利亚女王却嫁给了爱情。这也许可以解释为什么女王摈弃了传统的镶满珠宝、熠熠生辉的金银色长袍晚礼服，而选择了一袭白色锦缎与蕾丝织就的婚纱。很快，所有的新娘都想在自己的婚礼上穿着白色婚纱，虽然并不是所有人都能够负担得起一笔如此奢侈的花销，但一生只穿一次的诱惑牢牢抓紧了新娘的钱包。

1920 年代，对于西方国家的新娘而言，白色成为了婚纱的唯一颜色。“童贞”“纯洁”“忠贞”……这些随之而来的附属词汇，赋予了白色婚纱更多的意味，却遗忘了“嫁给爱情”的初衷。

一袭婚纱对于婚姻来说，实际作用几乎为零。正如白色的象征，是对纯洁爱情的美好臆想。当年戴安娜王妃身着奶油蛋糕般层层叠叠的婚纱举行了那场世纪婚礼，现实中王妃的婚姻却让人难以恭维。的确，再美的婚纱也无法为一段婚姻添砖加瓦。但是，谁不曾天真过呢?

绞花毛衣

绞花毛衣因为治愈、温暖的属性而广受欢迎，但它的起源却是一个悲情的故事。这款大约在19世纪末出自爱尔兰阿兰群岛的毛衣本被称为渔夫毛衣。用于编织的毛线由当地沿海出产的奶油色羊毛制成，往往是原色而不经染涤的，保留天然的羊毛脂而具有相当防水的功能，让渔夫出海时保持温暖和干燥。当一名不幸遇难渔夫的尸体被冲上海滩时，家人可以从他的毛衣图案辨识其身份，因为家家户户织出来的绞花各不相同。

悲情故事早已成为久远传说，丰富别致的绞花纹样却世世代代流传了下来。蜂窝形绞花象征着辛勤的工作，电缆形绞花代表着渔民的绳索，还有格子图案、篮子针迹、钻石图案，等等。虽然源于爱尔兰，但绞花毛衣很快成为新英格兰地区最具有代表性的服饰之一，也成为温莎公爵最爱穿着的毛衣之一。爱尔兰在1930年代开始销售绞花毛衣，至50年代已经风靡美国整个中上层阶级，成为常春藤风格的代表服装之一。

直到今天，这种在初时寄托了渔民妻女们守候的绞花毛衣，外形几乎没有什么变化，继续被一代代的人们用以御寒。

羊绒

羊绒直到现在还被习惯性地称为“克什米尔”，这是由于它最早来自克什米尔地区。从一只山羊身上只能收集到100克可用的羊绒，一件简单的羊毛套头衫至少需要两只山羊的羊毛，而如果是羊绒衫的话则需要六只山羊的羊毛才够，因此羊绒曾是以黄金来计算价格的。

16世纪，通过丝绸之路，羊绒出口到西方，很快成为最受追捧的织物和高贵地位的象征。据说拿破仑（Napoléon）的第一任皇后约瑟芬·博阿尔内（Joséphine de Beauharnais）的衣橱中，珍藏有数百种花色各异的羊绒披肩。

相较过去，今天想拥有一件羊绒制品容易得多。但是品质上乘的羊绒价格仍然非常昂贵，很多时装品牌将羊绒与其他纤维混合，制成混纺衣物，价格低廉了许多，因此也吸引了许多普通大众。而一件路易·威登（Louis Vuitton）的纯羊绒外套，仅仅是成本就需要1430英镑。这样的价格自然与许多人拉开了距离。

在一件质地细腻温暖的羊绒衫面前，廉价的快时尚、特立独行的设计理念，好像都难有与之抗衡的资格。羊绒独具的品质，是经历了时代遴选的沉稳，以及不予言说的骄傲。

松糕鞋

曾经有好事者调查，英国每年平均有 9000 人因为穿高跟鞋或松糕鞋受伤。松糕鞋的底部太厚，容易使人行走时身体前倾而失去重心，造成骨骼断裂或其他严重损伤。但调查不会影响流行，松糕鞋的流行与身份或炫富无关，这在漫长而不规律的时尚史中是少见的。

松糕鞋在英语中被称为 Platform shoes，平台鞋，这难免有些戏谑的意味，兴许与它的来源有关。古希腊的戏剧演员会穿着这样的鞋增加身体高度，方便表演。而最著名的平台鞋要追溯至 15 世纪的威尼斯，当时流行一种被称为 Zoccoli 的厚底木屐鞋，穿着它是为了避免出行时踩到城市街道的渣滓。可以想见当时的卫生条件是多么不敢恭维。无独有偶，日本和中国清朝也有过类似的鞋子。

1930 年代，由于当时意大利政局不稳，原料供应变得紧张，原本用来制鞋的皮革和承托足弓的钢片被军队征用。于是菲拉格慕（Ferragamo）独辟蹊径，以水松木制成高跟鞋鞋跟和松糕鞋鞋底结合的经典船底鞋，并在鞋跟上镶嵌耀眼饰物或画上鲜艳图案。这一大胆设计，让早已厌倦战争阴霾的欧洲女性眼前一亮，纷纷解囊购买。

1960 年代和 1970 年代，一家普通的伦敦时装店在数月之内便可售出数万双松糕鞋。直到现在，松糕鞋依然时常出现在身边某人的脚上，谈不上流行，也好似永不过时。

伞

古埃及宫廷的仆人用柔软飘逸的羽毛伞为主人遮阳。古中国最早的伞相传在春秋时期由鲁班发明，唐朝贵族开始使用旖旎的油纸伞，明朝时已普及于民间。而在欧洲，整个中世纪都几乎不见伞的踪影，人们依靠斗篷避雨。16 世纪，法国贵族女子流行手撑印花棉布或塔夫绸制成的小巧遮阳伞，往往会镶上金银的花边，在阳光下形成美妙的光晕，令伞下的脸蛋分外动人。

18 世纪，雨伞在英国开始被普遍使用，人们改进了伞面的材料，并把伞骨和框架改造得越来越轻便。现代雨伞通常采用伸缩钢制主干，塑料薄膜和尼龙取代了棉布与丝绸，原是中国出口到西方的雨具，一番改头换面，反而洋气地传入 1930 年代的上海。

伞是一种功能性的配饰，它没有诸如项链或手包一样强烈的装饰意味，却仍然受到众多时尚品牌的关注，斯温・阿德尼・布里格 (Swaine Adeney Brigg）、博柏利（Burberry）都是出自英国的经典品牌，旗下的伞具设计承袭了传统的英伦格调，让人们在雨天也能保持精致优雅的做派。

羽绒服

没有羽绒服的冬天是没有温度的。羽绒，就是鸟类身上的纤细羽毛。生活中的羽绒材料一般来自鸭和鹅。我们总以为羽绒服是现代产物，其实远在中国周朝，就有用鸟兽的羽毛制成的羽衣。不仅是中国，世界各地的人们都很早就认识到羽绒的妙用。羽绒被很早就出现在欧洲，那里的人们也一直用鸭绒和鹅绒制成羽绒背心或外套。但直到 1940 年，才有人凭借羽绒出名—— 一个名叫埃迪 · 鲍尔（Eddie Bauer）的美国人。一直以来，羽绒作为一种很好的保暖材料，又轻又暖，但缝进被子里容易沉积。鲍尔用绗缝的技法制成了现代羽绒服，并将此技法运用于尼龙面料，把衣服缝成一个个“小隔箱”，然后往里面填充羽绒，这就解决了羽绒在衣服里分布不均匀的问题。凭借这个技法，鲍尔申请了专利。其实早在中国唐代就有类似的技法，只是没有很好地传承下来，当时也没有尼龙面料。

由于工艺的不完善，早期的羽绒服穿起来会有一股味道，细小的绒毛还会从面料里往外钻。1970 年代，涂层织物被发明，织物纤维紧紧地黏合在一起，细小的绒毛也就很难钻出来了。现在市场上的羽绒服也因为填充羽毛的品质不同而有各种价位。获取羽绒的方法很多，对于一些比较珍贵的非养殖禽类，最古老的方法是手工采集巢中脱落的绒毛，后期制成的羽绒服也就非常昂贵。常规的羽绒采集是使用家禽自然脱落的绒毛，但也有一些鸟类纯粹因为人类要获取羽绒而被射杀，甚至在活着的时候被定期拔掉位于胸部的羽毛。活拔羽绒和活剥动物皮毛一样，一直饱受诟病。但这并不能阻碍人们购买的热情，一件盟可睐（Moncler）的普通羽绒服卖到万元以上。一旦与时尚有了瓜葛，永远有人趋之若鹜。

洛丽塔

我们这里所说的洛丽塔，并非纳博科夫的生命之光，欲念之火。虽然名字的出处的确来源于弗拉基米尔 · 纳博科夫（Vladimir Vladimirovich Nabokov）的小说《洛丽塔》。

这种融合了维多利亚时代女童服装和洛可可时期精致女装元素的风格，源于 1980 年代日本青年的垂青。虽然很多洛丽塔打扮的人，都将自己的装扮与娃娃装看齐，但可爱、美丽、甜美并不能完全概括洛丽塔风格。古典，哥特，朋克，公主，血腥，水手，乡村，海盗……都能体现在洛丽塔风格中，甚至还有穆斯林洛丽塔，会添加穆斯林头巾作为装饰，并以长裤代替高筒袜。唯一达成一致的认知是，洛丽塔风格的穿戴者们并不认为以“Lolita”为这种服装命名，会有任何情色的暗示，毕竟它的第一要义是露得越少越好。

即使洛丽塔风格似乎一直没有被主流时尚所认可，却并不影响它在世界范围内有众多的拥护者。而且因为洛丽塔服饰用料精细考究、细节繁复，价格往往比普通时装昂贵。近年来全世界都在流行简约风，唯独洛丽塔一族仍然我行我素地沉醉于层层叠叠的曼妙花边、褶皱、蕾丝。普通的都市人以更快更新作为自我认知的标榜，每一季的服装新款都要去追，其实依然受着流行的摆布。洛丽塔的世界梦幻自在，沉醉其中亦是一种独处。

风衣

如果非要找出“一战”给人类留下的有益之物，大约可以算上风靡时尚界且被各圈层男男女女选择的风衣，甚至连它的名字也源于军队作战的战壕——Trench Coat。风衣早在 19 世纪初就有了雏形，当时是由橡胶制成。在“一战”中作为英国和法国士兵穿着的重型大衣，选用坚硬耐用的专属面料华达呢，以紧凑密实的编织方式制成，由此起到很好的防水和遮风功能。风衣具有代表性的细节设计，在后来的若干年间都不曾被挑剔的时尚眼光嫌弃，实则一开始也是出于功能性考虑。肩章用以显示军官的军衔，位于上背部的风暴挡板使雨水能够流出大衣而保持军人身体的干爽，腰带上的 D 形环是为了挂手榴弹。口袋大而深，可以装地图和其他必备品，袖口的绑带可收紧是为了便于活动，卡其色能很好地帮助军人隐蔽。

战后许多退役军人回归平民生活，不仅保留了穿着风衣的习惯，而且保持了军人的挺拔身姿。穿着风衣的飒爽英姿很快感染了周围的人，无论男女都欣然接受风衣的美感与实用。两个英国老派奢侈服装制造商博柏利和雅格狮丹（Aquascutum）都宣称是自己率先设计出风衣。当然迄今为止人们似乎已经普遍认同了博柏利在风衣界中不可取代的地位。

电影《巴黎最后的探戈》中，灰色的巴黎，萧索的风掀起马龙·白兰度（Marlon Brando）风衣的一角。挺括的卡其色风衣，让已失去翩翩风度的白兰度维持着昔日的身姿，大概也算得上衣服赋予人的某种尊严。

时尚道德与环保

很少有人关心时尚的道德问题，甚至时尚界本身也并不真正关心这个问题，不过仍然有人尝试开辟新的路径，使用有机棉等环保面料制作服装。毕竟时装制造的碳排放量在全球碳排放量中占到 10%。

相比起时尚的商业体系来说，道德和伦理的问题更为复杂。什么是时尚界的道德规范呢？

这方面的争论从来就没有停止过，而我们目之所及的时尚道德更多时候只是商家抬高自身形象的幌子罢了。如快消品牌 H&M 就以“宣传低碳理念，减少纺织品浪费”为口号，在全球连锁店发起回收旧衣的活动。然而此举遭到环保人士的质疑，活动中捐赠旧衣的人可以得到一张 H&M 购物优惠券，无形中反而促使消费者购买更多的非环保新衣。

制造纤维要浪费大量的水，染色、运输及包装的过程都会对水系统带来负面的影响。缤纷多彩的快时尚商品让人们习惯于购买更多的廉价服装，再以更快的速度更替，这又带出了贸易公平及制作廉价服装更加不环保的话题。虽然一些高端时装设计师正在身体力行地为时尚环保出力，但相较于操控大众虚荣心所带来的诱人利益，道德环保很难被时尚界真正在意。买，还是不买，上升为一个关乎道德的问题。

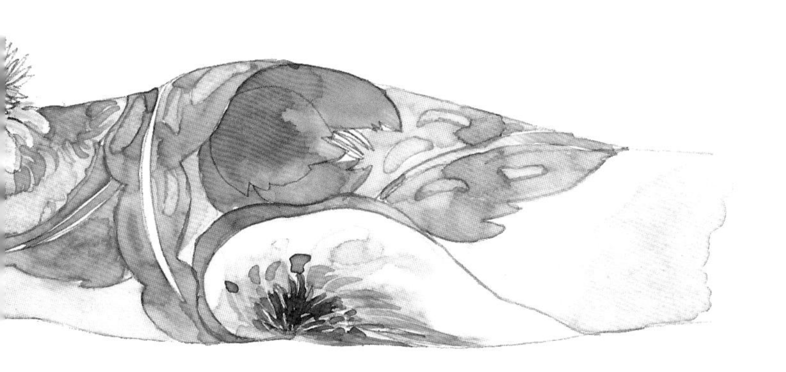

亮片

据说第一块亮片是绑在衣服上的金币。埃及国王图坦卡蒙（Tutankhamun）的墓穴内有大量缀以金币的长袍，彰显统治者们的财富和权力。中世纪时期的吉普赛人也将硬币绑在衣服上，拥有的财富一目了然，也便于在流浪时消费。

明胶亮片是1930年代的产物，这是一种由动物尸体中提取而来的制成片状并冲压成型的材料，但它会遇热熔化，也会溶解在水中。所以在雨中穿着亮片连衣裙是一场灾难。后来人们开始使用醋酸来制作亮片，但仍然很脆弱。直到1952年，杜邦公司发明了聚酯薄膜，再次改变了亮片的属性。

尽管亮片在爵士年代就已大放异彩，然而它的生命力却经久不衰。在1970年代、1980年代的全民迪斯科年代，亮片再次掀起令人瞩目的风潮。迈克尔·杰克逊（Michael Jackson）在1983年的“Billie Jean”首映礼上玩起了“月球漫步”，他穿着一件黑色金片夹克，戴着标志性的手套，在舞池中闪耀着开启了一个永恒的时代。

从王权时代到全民迪斯科仿佛只是一瞬间的事，尽管其间的亮片千差万别，然而人类喜欢亮闪闪的东西的初衷却未变，无论是列奥纳多·达·芬奇还是迈克尔·杰克逊。

列奥纳多·达·芬奇（Leonardo di ser Piero da Vinci）的众多发明中，

有一台机器设计的草图，是利用杠杆和滑轮，来为金属小圆片穿孔。

当时贵族淑女的礼服上常有小小金属亮片和金银刺绣作为点缀，

若要用明胶制作亮片还需要等上几百年。

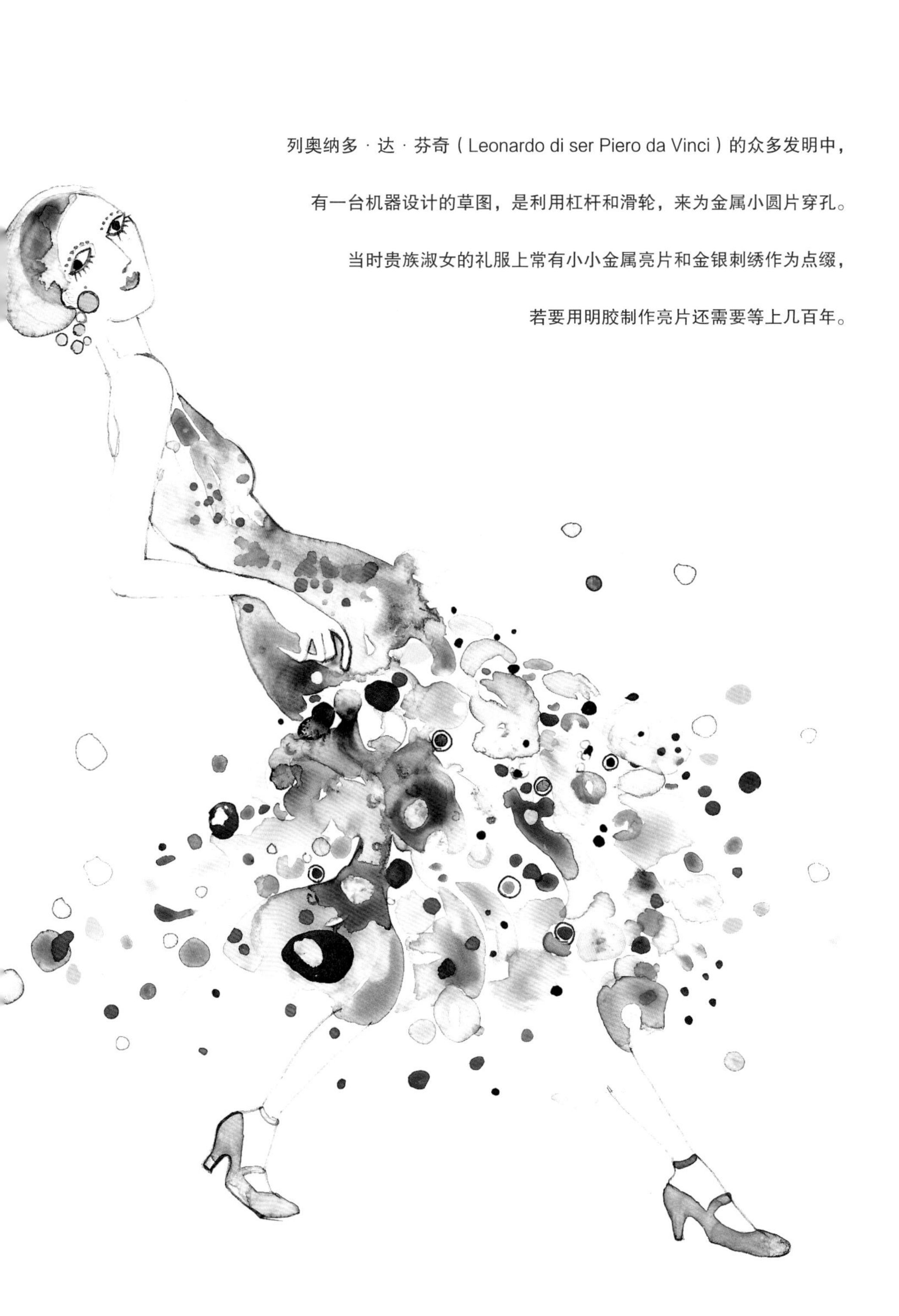

流苏，如名字一般雅致曼丽的饰物，在很长的时间里却是力量和声望的象征。它的历史可以追溯至古罗马，由初时简单的结，一路繁琐富丽起来，丝质甚至纯金的流苏都曾出现在贵族的华服上。

古埃及、美索不达米亚、阿拉伯世界都视流苏为有法力的护身符。中国古人会用流苏缀以玉石，华贵与婉约交相辉映。

流苏

16 世纪的法国，学习制作流苏需要当七年学徒，被称为“Passementiers”。贵族们的服饰不留余地地垂坠着金银丝线的流苏，家中各处也时时有一绺流苏摇曳。直到 19 世纪初，欧洲人对流苏的挚爱非但没有减弱，反而随着新古典艺术风格的崛起，凡上流家族至中产阶级几乎全都被流苏俘虏，难以自拔。

这一独特的审美至 20 世纪新艺术时期才有所收敛，新艺术风格崇尚的自由简洁逐渐取代了社会主流曾认同的华丽繁琐，包括曾经无处不在的流苏也逐渐淡出。如今，现代人简洁利落的生活方式已不再允许流苏傍身，但偶尔点缀一缕，依然独具美感。

艺术与风格

时尚是不是一种艺术呢？这个问题争论到今天，也没有一个明确的答案。可以肯定的是，艺术对时尚风格的影响是巨大的。至少从上个世纪以来，时尚和艺术保持着紧密的关系。

时尚与艺术的第一次神交，是 1937 年意大利设计师艾尔萨 · 夏帕瑞丽 (Elsa Schiaparelli) 与超现实主义画家萨尔瓦多 · 达利 (Salvador Dali) 联手设计了龙虾裙。一袭曳地白裙，系一根虾红腰带，裙摆正面趴着一只生动的大龙虾。在此之前，从没有人如此做过。艾尔萨擅长各种超现实的奇妙设计，她知道如何模拟一件事物，同时又带上自己的印记。伊夫 · 圣 · 罗兰 (Yves Saint Laurent) 曾取材自彼埃 · 蒙德里安 (Piet Cornelies Mondrian) 的抽象画，创作出永恒经典的 Fall Mondrian 时装系列。

亚历山大 · 麦昆 (Alexander McQueen) 的团队曾在 2013 年与概念艺术家达米安 · 赫斯特 (Damien Steven Hirst) 合作，一个是承袭了“黑暗美学”理念的设计团队，另一个是创作了一系列“死亡主题”作品的艺术家，最终诞生了爬满各种昆虫的雪纺围巾，妖异出位，令整个时尚界眩晕迷醉。

与艺术一样，时尚文化可以反映与当下相关的人们的习惯和品味，当我们在寻找更多的时尚表现形式时，艺术与时尚的界限便会更加模糊。随着越来越多的艺术家与设计师的合作，时尚与艺术的关系比以往任何时候都更加密切。艺术是永恒而经典的，时尚往往被理解为短暂的轻率。艺术性的时尚，会扩大观众的视野，因为它可以提供一种并非轻易能遇到的审美形式。

但我们都容易忘记，艺术没有必要关心观众，而时尚是依赖于消费主义存活的。作为商品浪潮的一种流通表象，不得不承认，在利益推动的今天，博人眼球的合作越来越多，而服饰设计中纯粹的艺术性反而变少了，那些像艺术家一样工作的设计师仿佛都沉默了。这情形好像一个马戏团，在唯一的道路上吹吹打打地前行，前方是一团孤寂的彩色迷雾。

香水

第一款所谓的现代香水并非出自法国，而是由匈牙利人在匈牙利女王伊丽莎白的指挥下，将香精油混合在酒精溶液中制成，随后这种混合液体在整个欧洲得到推广，称之为“匈牙利水”。虽然早在公元前 2000 年前的美索不达米亚文化中就有提到香水，但这瓶真正意义上的香水直至 1370 年才得以诞生。

“美学”一词更准确更直接的解释可以是“感觉学”。嗅觉作为人类最本能的感觉体验，品香亦可升华为审美体验。正如审美并非单纯狭隘地指“唯美”一派，气味本身是没有高低之分的，香与臭的界限并不是我们认为的那样明确。灵猫香味辛，并不讨人喜欢，但若将它溶解在酒精里并稀释至很低的浓度，却有了甜美的花香味。

在 Chanel NO.5 被调配以前，女性用的香水通常是单一的味型，如玫瑰香或百合香。可可 · 香奈儿觉得这很无聊，她创作出了 5 号香水，闻起来是一个真正成熟复杂的女人的味道。在女性意识愈发凸显的时代，没几个姑娘愿意被笼统地夸赞为如百合般清丽单纯吧?

斗篷

斗篷是一种能带给人幻觉的衣物。

斗篷在东西方都是古已有之，形制也相似。18 世纪英国著名的连帽斗篷，由上好的羊毛面料制成，配以高档的丝绸衬里。之后斗篷的长度越来越短。直至今天这种短斗篷仍是深受欢迎的时髦款式。

西方文化中的斗篷常与魔法有关，巫婆、巫师和吸血鬼都披着斗篷，德古拉伯爵的斗篷永远是黑色。《哈利 · 波特》里的斗篷可以助人隐身，《奇异博士》里的斗篷比人有脑子，充当智囊的角色。若干诡谲的隐喻，让斗篷常与暗黑、神秘、谋杀联系在一起。

东方的斗篷寓意更为写意。高鹗续写的《红楼梦》，贾家家业凋零，贾政在返家水路中正感孤清，却见宝玉站在岸边披一领大红猩猩毡的斗篷，赤脚站在雪地中向他拜别。白茫茫一片中，也只有一袭猩红斗篷合情合景。

蕾丝

属于蕾丝的历史久远，从中世纪的庙宇到现今的时装周，都能看到它的踪影。据说最早的蕾丝出现于 14 世纪西欧的佛兰德斯，由当地掌管手工作坊的贵族女性发明。15 世纪末 16 世纪初，蕾丝的技艺辗转流传到意大利，贵妇和修女用编织蕾丝来消磨时光。因为编织蕾丝的工艺耗时耗力，所以当时蕾丝只是作为手帕、领口、帽檐的点缀。直到历史上著名的伊丽莎白女王在位的时候，一种以蕾丝主打的领饰——拉夫领被发明，这种领饰的直径大小及蕾丝的华丽程度意味着穿着者财富的多少与地位的高下，蕾丝自此成为欧洲最尊贵的织物面料之一，后来通过宫廷时尚圈逐渐普及到欧洲整个上流社会。

经历了禁欲主义的中世纪，蕾丝在浮华浪漫的巴洛克、洛可可时期大放异彩。美第奇家族，“太阳王”路易十四，蓬帕杜夫人，绝代艳后玛丽以及拿破仑的约瑟芬皇后，都对精致梦幻的蕾丝青睐有加。这让蕾丝在当时的价值甚至可以媲美金银，被誉为“编织出来的黄金”。如此奢侈的编织物自然是平民难以触及的。工业革命在带动新的生产技术的同时，很大程度上打破了社会固有阶层，贵族领边的蕾丝出现在平民的身上。繁琐、枯燥乏味的手工编织被规则成形、效率极高的花边织机取代，并且出现了越来越多的俏丽花型。在之后各种各样的政治更迭、社会变迁中，蕾丝从未从人们的生活中消失。

当代时装设计师在呈现蕾丝的传统魅力之余，也会试图消解一部分精致优雅的固有印象。在著名品牌普拉达（Prada）的一次发布会上，展示了用来自瑞士的纯手工蕾丝面料制成廓形简约的硬朗长裙。用设计师缪西娅·普拉达（Miuccia Prada）的话来说，“尽管简约风盛行，不过有一点，蕾丝还是很好看的”。

裹身裙

一个犹太女孩因血统原因而不被德国丈夫的皇室家族接受，她愤而前往更自由包容的纽约，设计出一款没有拉链和纽扣，只靠腰带索紧腰身的包裹式裙装。这款裹身裙让她建立起一个全球性的时装帝国，它有一个传奇的品牌名——DVF。

在黛安 · 冯 · 芙丝汀宝 (Diane von Furstenberg) 设计出裹身裙以前，女性时装大多对穿着者身材有着近乎苛刻的要求。黛安巧妙地让平纹针织面料紧紧包裹女性上半身，而宽松的下摆可以掩藏身材所有的不完美。穿上裹身裙的女人曲线玲珑，又没有丝毫束缚感，肢体语言同裙子的剪裁一样落落大方，可以置身于任何场合。裹身裙在被设计出的第三年，就以 DVF 冠名卖出了数百万条。

黛安曾说，这是本着使女性享有性自由的精神而创作的一款设计。在裹身裙出现的 1970 年代，同时流行的时装元素还有紧身连衣裤、朋克风格的破洞及金属，以及各种各样的喇叭裤、超短裙、高腰裤等，这些事物都很快被新一波的时尚浪潮淹没。DVF 却坚挺至今，毕竟连米歇尔 · 拉沃恩 · 奥巴马（Michelle LaVaughn Obama）也常常穿着裹身裙。美丽舒适的外形并不等同于柔弱，也可以有隐性的坚贞。

丝巾

欧洲女人对丝巾的热爱不亚于华丽的珠宝，尤其是奢华如爱马仕（Hermes）、古驰（Gucci）、菲拉格慕等品牌的丝巾。一方尺寸为 90cm × 90cm 的爱马仕丝巾，据说要花费近两年的时间才能制作完成。通过手工丝网的工艺来染色，手工缝合，并巧妙渗入特别的令人心驰的气味。这一切都意味着大量的人力及时间成本，身价高昂自然不在话下。

滑腻缤纷的丝巾闪烁着淡雅的光泽，令佩戴的女性看起来高雅迷人。它也是所有织物中过敏源最少的，还可以保持皮肤的湿润和呼吸。颈部的皮肤敏感而细嫩，再挑剔的极简主义者恐怕也不会拒绝一方丝巾带来的可能性。

一个有意思的现象是，“二战”期间流行的丝巾色彩黯淡，在反映大众情绪的同时更是为了节约资源。战后的1960 年代，娇艳欲滴的花卉图案一扫战时丝巾的沉闷，伊丽莎白 · 泰勒（Elizabeth Taylor）、格蕾斯 · 凯莉（Grace Patricia Kelly）、奥黛丽 · 赫本（Audrey Hepburn）都留下了佩戴丝巾时风流婉转的俊俏像。

驼色大衣

驼色大衣的出现和那个时代的许多服饰一样，脱离不了与战争的关系，但流行至今，它明显是款式变化最少、最笃定的冬日单品。

品质上乘的驼色大衣是由驼绒制作而成的，和市面上的羊毛驼色大衣质地完全不同。驼绒是骆驼身上所有毛发中最珍贵的底绒，只能通过自然生长、自然脱落的方式采集。目前世界上最珍贵的驼绒来自蒙古和波斯湾。天然纯驼绒织成的大衣甚至不需要染色，而是骆驼的自然毛色。暖洋洋的金棕色中透出介于红色和淡褐色之间的底色，驼色大衣的称谓也由此而来。就像一个中性的调色板，驼色大衣搭配黑白、灰色、卡其色，以及牛仔甚至与驼色本身差异极大的色调，都可以呈现一种明确的耐看的风格感。

几代人的喜爱，更不用说几十年间各色名流对驼色大衣的专宠，让这款经典单品一直被溺爱。甚至有人说过，想到可以身着温暖软糯又舒展利落的驼色大衣，便有点期待冬天快一点到来了。

在男性时尚的历史中，外套与战争有关。

但对于女性来说，外套更像是一种便携式的

居家感和终极保护。

——阿希尔 · 玛拉莫蒂

(Archille Maramotti)

连体裤

早期的连体裤与时尚毫无瓜葛，它是飞行员的功能性衣服，用来保护身体不受高海拔寒冷的侵袭，同时也可以减少操作中不必要的身体覆盖。一款理性的服装。

“二战”期间，一位了不起的女设计师艾尔萨 · 夏帕瑞丽设计出一种更加亲民的连体防护服，配有口袋和兜帽。由于那时的人们常常在夜间突然被要求撤离至防空洞，因此这一设计是当时很多普通民众的绝佳选择，连温斯顿 · 丘吉尔（ Winston Churchill ）也在办公室穿着此款连体裤。

后来的登月计划让公众看到宇航员穿着连体航空服登月的情景，这一历史性的时刻也带给许多设计师新的奇思。包括伊夫 · 圣 · 罗兰在内的设计师们纷纷推出了自己版本的连体裤。至此，连体裤在时尚界大行其道，功能性被摈弃，它只需要尽可能地体现美感。

这股风尚甚至跨越了时尚界，1980 年代的科幻电影角色与摇滚歌手都对连体裤造型情有独钟。昆汀 · 塔伦蒂诺（Quentin Tarantino）的电影《杀死比尔》中，女主角的造型是向李小龙塑造的经典形象致敬，身上穿的衣服正是当年李小龙穿过的连体裤款式。

迷你裙

1960 年代是一个革命的年代，有披头士，也有登月计划，而迷你裙却是这个时代留给后世最耀眼最持久的图标之一。

迷你裙，也被称为超短裙。尽管法国设计师安德烈 · 库雷热（Andre Courreges）早一步推出了短裙的设计，但人们普遍认为真正称得上迷你裙设计始祖的应该是英国设计师玛丽 · 匡特 (Mary Quant）。她在伦敦切尔西的国王路上开了一家名为 Bazaar 的服饰店，并在店内售卖她所设计的产品。由于受到意大利设计风格的影响，匡特剪短长期以来女性冗长的裙摆，并用她最喜欢的轿车 Mini cooper 为自己的设计取名“迷你裙”。这些缀满亮片的无袖连衣裙对于 1960 年代的年轻女孩来说非常具有吸引力，它与 1950 年代优雅的“新风貌”风格大相径庭，完全将两代人区分开来。

和所有新生事物一样，匡特的迷你裙设计在当时令整个国家出奇地愤怒且无法接受。很多人都认为匡特的设计粗鄙不堪，批评者中也不乏一些了不起的设计师和艺术家，同为先锋的前辈可可 · 香奈儿甚至谴责迷你裙是令人厌恶的设计。尽管褒贬不一，但迷你裙仍然融入了当时的青年文化。

在“二战”结束后世界进入了冷战时期。整个西方社会从 1930 年代到 1950 年代越来越保守，而 60 年代的青年文化就在这样的背景下急剧发酵，爆发。当时的伦敦仿佛是披头士、滚石乐队的世界，避孕药的发明促进了性解放运动，一切都看起来新鲜、蓬勃、旺盛，新奇甚至轻佻正是当时的年轻人所想要的。因此越来越短的迷你裙随着股票价格的上升，完全占领了伦敦。

尽管迷你裙很快被嬉皮士廓形喇叭裤和飘逸长裙抢了人气，玛丽 · 匡特的品牌也没能坚持下来，但迷你裙一直挑战着世界各国对女性着装方式的接受程度。它的存在，暗示了我们可以期待一个充满更多多样性和自由的未来。

靴子

当大多数人还是赤脚生活的时候，古罗马皇族和骑士已经脚蹬华丽的长靴。娇贵的皮革，五颜六色的宝石和富丽的绣花，甚至黄金的鞋底，靴筒的高度都代表着穿着者身份的等级。15 世纪，贵族男子穿的靴子长及大腿，16 世纪的骑士们穿着柔软高档的香水皮革靴，越来越宽大的靴筒可以折叠。

彼时的贵族女子也穿靴，不过是精巧秀美的及踝短靴，有限的面积上装饰缤纷如繁花。虽然偶尔也有女子穿上男士长靴，不过是为了骑马去森林中狩猎。维多利亚时期出现了缝纫机和橡胶，无论男女的靴子都出现了更多新颖款式。

女士靴子的时尚大爆发是在 1960 年代，玛丽 · 匡特一剪刀将裙子剪到膝盖以上，可皮靴的靴筒却越来越高。自此之后，风靡一时的麂皮靴、过膝靴、高脚靴、厚底靴……轮番风靡，有时候衣服反倒成了足上靴子的搭配品。可手捧一双细腻光滑的小羊皮靴，谁又能轻易拒绝呢？

西服

西服是彻底的舶来品。18 世纪的工业革命让更多廉价的面料得以生产，羊绒和精纺毛织物在这时可以用蒸汽和烙铁熨烫及塑形。19 世纪的男士服饰经历了许多变化。当时还没有拉链，部分裤装会在前裆用纽扣和衬布扣系。到 1840 年代，男士双排扣长礼服开始流行，由此逐渐演变为三件套，到现代社会又变成两件及更加简洁的款式。

西服的工艺复杂，看起来简简单单几样东西，内里却千针百线无尽迂回。原本位于伦敦萨维尔街的一条不起眼小巷，在 1806 年进驻了一个技艺精湛的裁缝，后来专为王室贵胄定做西服，小巷也随之闻名于世。中国的第一套国产西服，是一个叫王睿谟的裁缝花了三天三夜的时间，手工一针一线地缝制而成。他曾留学日本，归国后在上海创办了王荣泰西服定制店，那套经他手工缝制的西服，后来穿在了革命者徐锡麟的身上。

工作场所，生活中的重要场合，西服占据了男性一生中大部分的时间。很多有关天使的电影，男主角都是一个穿着西服的中年天使，没有人能看见他，很孤独。仿佛他们的前生，也就是一个在大街上、地铁站、大厦里随处可见的穿着西服的沉默上班族。

飞行员夹克

飞行员夹克是所有夹克的鼻祖。“一战”时期，大多数飞机没有封闭的驾驶舱，为了抵御高空的寒冷，美国陆军在 1917 年 9 月正式成立航空服饰董事会，开始分发重型飞行皮夹克。然而战争并没有就此结束，“二战”期间催生了经典的羊皮飞行员夹克。

飞行员夹克的种类繁多，主要以型号来区分款式。传统的 A-1, A-2（电影《珍珠港》里的空军制服），官方指定只能用马皮制作，由 5 张马皮缝制而成，拉链都是黄铜的。巴顿将军的最爱 B-3，棕色皮革内衬米白色的羊羔毛，无论外形还是保暖性都是一流。由于“二战”期间各国投入的军力越来越大，物质资源紧缺，因此又有了 B-10 这样用高密度斜纹棉布充当面料的夹克，但为了保暖，内衬使用的羊驼毛比羊羔毛更贵，因此这款制服也没省下什么钱。在这样的背景下，一款经典的 B-15 诞生了，使用了当时的新型面料尼龙，内衬也破天荒地采用了人造毛，袖口和腰身变成了更轻便的螺纹。之后经典的 MA-1, 便是在这款基础上改进的。

1960 年代末，嬉皮士文化逐渐衰落，一小群新的叛逆年轻人，重又穿上看起来仍然时髦的 MA-1。MA-1 也在众多夹克款式中脱颖而出，上至时尚 T 台，下至街头，都能看到身着 MA-1 的青年身影。是的，又一款诞生于战争并流传至今的经典单品。很多时候，时尚源于偶然。

常春藤风格

1954 年，美国东北部地区包括哈佛大学、耶鲁大学、普林斯顿大学在内的八所知名大学，组成了体育赛事联盟，“常春藤联盟”由此诞生。这个新生的“联盟”催生了前卫的精英男性风貌，同时也为时尚史写下了经典一笔。当时“二战”已结束，美国与欧洲文化达到前所未有的融合，英国的服装版型开始传入美国。常春藤联盟的服装风格源于 1920 年代，英美上层阶级在运动时所穿的质地考究的休闲服饰，如参与高尔夫球、马球、帆船、橄榄球、狩猎和网球等运动时的着装。典型的常春藤服装包括条纹外套、毛线背心、开衫毛衣、绞花针织衫、牛津纺衬衫、布列塔尼条纹衫、斜条纹领带、卡其裤和乐福鞋、布洛克鞋等。

这种时髦的风格之所以被大学生喜爱，不仅在于其简洁的外观和对细节的重视，还有休闲又自在的穿着体验正符合大学生的口味。在当时，绝大多数的大学生来自于相对富裕的有闲阶层，他们需要在运动和社交场合穿着得体的服饰。从 1950 年代末到 1960 年代中期，常春藤风格一度是美国中产阶级男性的主流服饰，约翰 ·F. 肯尼迪 (John Fitzgerald Kennedy) 就是常春藤风格的追随者。

积极学习欧美文化的日本保留了常春藤风格的精髓，并融入更加细腻雅致的东方美感。如今，我们更习惯于将常春藤风格称为朴实的“学院风”，可见其在平民阶层中的风行。

睡衣

睡衣是谁发明的呢？在今天我们真的很难得知答案了。

古罗马时代，晚上穿着睡衣是上层贵族才有的权利，而伊斯兰地区在 9 世纪的时候出现了晚上睡觉的专属着装。欧洲贵族大约在 16 世纪开始穿着睡袍，类似于古埃及和古罗马的长袍，通常由白色亚麻制成，可以吸收身体的油脂和汗水。

工业革命之后丰富、奢靡的物质生活让当时的人们迷醉，大家享受这种五光十色的日子，睡衣也变得繁复、诱人和华丽，各种各样的褶皱、丝带、蕾丝、镂空、绣花随睡衣的线条展现。优雅和令人回味，是这个时期女性睡衣的标志。

在今天，选择穿什么睡觉是一件完全个人的事情。玛丽莲 · 梦露早就公开表示她的睡衣是几滴 Chanel No.5。偶尔裸睡也是很舒服的，但更多的人仍然习惯穿着舒适的棉质睡衣入眠。而对于没有穿成套睡衣习惯的年轻人来说，一件旧 T 恤也可以让他们睡得安稳。

箍裙

箍裙一直与紧身胸衣一道，塑造女人丰乳肥臀的形象。伊丽莎白女王的衣柜里有各种形态的箍裙。从流传下来的古典肖像画来看，箍裙一丝不苟地负责着当时女性穿着裙装时的起伏身形。夸张有如 18 世纪英国乔治王朝的曼图亚（Mantua）女袍，裙身已然演变为长方形，优雅的女士欲穿过狭窄的巷子，需要像扭发条一样将裙身“咔嚓”扭到 90 度，然后再身姿曼妙地扭回来。

箍裙在 16 世纪就已经被欧洲女性广泛接受。这种贯穿木头或柳条等僵硬材料的内衣不但沉重、闷热，还容易引发皮炎和妇科疾病，穿脱也极为麻烦。但为了追求夸张的腰臀比，几个世纪以来的欧洲女性都从未摈弃它，倒是做过不少改良。19 世纪中期的人们在箍裙中缝入马鬃、亚麻线绳制成的圈，使裙身蓬起，并更加轻盈。这种被称为克里诺林（Crinoline）的箍裙，穿着时往往会罩上多重花边、刺绣繁复的丝绸外裙，充分展示了当时浮夸奢靡的审美趣味。在 1857 到 1860 年的这段时间里，有记载最大的裙摆直径近 5.5 米，为了看起来优美而略带忧伤，女人们将自己层层束裹在绣花绸缎中。美丽的代价是，克里诺林的材料是易燃的鲸须、藤条，因此常有典雅女士不小心因离壁炉太近而焚身玉殒。这种关于美丽的惨剧自然不会发生在今天，但当下的时尚风向标里仍然有许多潜在危险，丝袜的可燃性比起克里诺林有过之而无不及，姑娘们却从未想过将它弃之不理。

领带

最早的颈部条状纺织装饰物，出现在古埃及，和现在的领带形式相比，更像是短披肩一类的物品。古埃及的领带，体现着佩戴者的阶级和社会地位，只有贵族才有资格佩戴。一般人会认为，领带是一个纯西方式的服饰配件，但细心的人会发现，中国历史中也有领带的蛛丝马迹。在秦代兵马俑中，我们能清楚地看到包裹着战士喉部的条状纺织品。而在汉朝建立政权以后，这种战士用的领带就退出了历史舞台。

虽然我们很难确定领带的始祖，但是可以确定的是领带是由领巾变换而来的。中世纪时期，欧洲贵族们用的颈部装饰物是蕾丝环状领。制作一个这种华丽的配饰，要用掉长达十五米的蕾丝，即使对贵族而言，也是奢侈的饰物。真正让领巾在欧洲贵族阶层风行的是法国国王路易十四，他是一位执着的领巾爱好者。从法国大革命到 20 世纪初，风尚史经历了一段守旧与创新对峙的岁月，领巾也不例外。这个时候出现了一位领巾的改革者，博 · 布鲁梅尔（Beau Brummel），他也是一位有名的浪荡公子。这位花花公子别具一格的着装为当时英国男士时装开拓了新潮流，甚至影响了当时的威尔士王子，也就是后来的英国国王乔治四世。布鲁梅尔不再沉溺于面料的华贵及饰品的繁复，而是删繁就简地注重服装与配饰的协调。1820 年乔治四世加冕后，布鲁梅尔向英王推荐了全新的黑色领带，这一摈弃缤纷花哨的大胆设计使领带成为欧洲男士标准的服装配饰。百年后的英国又出了一位热爱时尚的储君，温莎公爵。如今领带中最常见的温莎结就是因他而命名。

口红

伊丽莎白 · 泰勒宣称：“女人拥有的第一件化妆品应当是口红。”

无论在什么地方，无论属于什么民族，千百年来人们对女性唇上这一抹红都有着默契的执念。有一种红被命名为“克利奥帕特拉红”，源于埃及艳后偏爱的那款从胭脂虫体内提取的洋红色。伊丽莎白时期的英格兰人用染成红色的蜡石做唇膏，晚清慈禧太后的胭脂是用蚕丝片浸泡玫瑰汁制成，不仅鲜艳还亲肤。

诱惑与禁忌，很多时候是相互成全的。整个 17 世纪的欧洲，口红都被教会和社会保守势力排斥。这种偏见在 18 世纪达到顶点，当时英国国会通过法律条例，凡是依靠口红、香水等化妆品诱骗男人结婚的女士，都要受到惩处。然而，历史验证了这一条例的无力。女权运动的领导人物伊丽莎白 · 凯迪 · 斯坦顿（Elizabeth Cady Stanton）和夏洛特 · 帕金斯 · 吉尔曼（Charlotte Perkins Gilman）都公开表示过，涂口红是女性的权利，更是解放的标志。

随着金属管旋钮式口红的诞生，口红成为都市女性的随身必备品。更有日益繁多的颜色呈现，据说“代沟”这个词第一次出现，就是指母亲与女儿两代人选择口红颜色的不同。一管口红是奢侈单品中价格最为亲民的，因此女性对口红的购买欲几乎没有上限。经济的衰弱让一些人很难攒钱去买房买车，手中的闲钱反而可以购买口红这一平价的奢侈品。“口红效应”适用于任何时代。

假发

维克多·雨果（Victor Hugo）在《悲惨世界》中写到，芳汀为了给孩子寄去一条能够御寒的绒线裙，让理发师剪掉自己垂至腰际的金发丝，换来十法郎。无独有偶，欧·亨利（O. Henry）的小说《麦琪的礼物》讲述了女主角为了送给丈夫白金表链作为圣诞礼物，卖掉自己的一头秀发，丈夫却用金表换了镶嵌珠宝的玳瑁梳子送给她。

头发，总是被爱护、被珍视的。追求茂密头发的美感，让假发在古埃及、古中国，以及后来欧洲的上流社会都掀起过风潮。据说路易十三就是因为秃顶而率先戴起假发，而且长及臀部。当时欧洲普遍恶劣的卫生环境令人们容易长头虱，有些人干脆把头发剃掉，戴上假发。而到了太阳王路易十四当政时，他一次就雇用了 48 个假发师傅为自己制作假发。在 17、18 世纪的欧洲，假发变成了贵族气派和特权阶级的象征。绝代艳后玛丽·安托瓦内特（Marie Antoinette）总是戴着一顶四头高的假发，撒上加入了橙花、薰衣草或鸢尾花根香味的粉末，配上华贵璀璨的头饰，艳光四射地颠倒众生。她最常用白色的假发粉，有时会加上紫蓝、蓝、粉红、黄等颜色，像一朵升腾的云彩，让人可望不可即。

有趣的是，在当时除了贵族，最爱戴假发的几种人是“法庭上跑腿的，仆人，厨子，厨房打杂的”，没一个是能和贵族沾边的。

高级定制

早在路易十四时期，法国就引领着欧洲的时尚风潮，但高级定制的概念却是一位名叫查尔斯·弗雷德里克·沃斯（Charles Frederick Worth）的英国人创立的。所谓高级定制，就是选用最顶级的材料，以最顶尖的手工技术制作，由专业团队共同工作一千个小时，呈现最完美的作品。这样的艺术品让“高级定制”受到法律的保护。

高级定制的法语名为 Haute Couture, Couture 指缝制、刺绣等传统手工技艺，Haute 则代表顶级。并不是所有的品牌都可以宣称自己可以制作高级定制。1945 年巴黎高级定制时装工会开始实施成员管理措施，要求设计师在巴黎拥有经营场所，有合适的环境每年进行两次时装展，有私人试穿空间，同时也要有足够的场所作为设计室和工作间，至少雇用 20 名全职技术人员，形形色色工种的匠人，包括专业绣工、羽毛工、皮毛工以及负责装饰花边和皮革加工的纯手艺匠人。此外，每年一月和七月的时装周上要向公众展示至少五十件原创时装。迪奥（Christian Dior）、香奈儿（Chanel）、巴尔曼（Balmian）、纪梵希（Givenchy）等一系列设计师及品牌，都经历过高高在上的神坛时期及现实中无奈的陨落。直到今天，高级定制仍在执着地为我们提供这个时代顶级质量的梦想。

文身

文身在西方的历史一直跌跌撞撞，时而登大雅之堂，时而又受到抵制。18 世纪末，文身被用来识别个人身份，水手们不但要文身，还要在个人档案中对其文身花样进行详细的描述。时髦的英国国王爱德华七世曾在手臂上文了一支耶路撒冷十字架，掀起了英国王室贵族的好一阵风潮。在中国古代，文身一度完全失去了独具美感的艺术功能，而专指惩罚罪犯的面部刺字，名字也换成了“黥刑”。

当今的文身很多时候成为了艺术和美的象征。1960 年代的摇滚歌手琼 · 贝兹（Joan Baez）是现代女性文身潮流的先驱。随着女性文身慢慢被大众所接受，到 1990 年代，几乎每一位超级名模和演员，甚至 20 多岁的普通年轻女孩，都会以自己身上独有的文身为美。尽管我们都不愿意被贴上任何标签，但时代所提供的彰显自我的事物总是有限的，文身也算一种最容易被接受的表达个性的行为了。

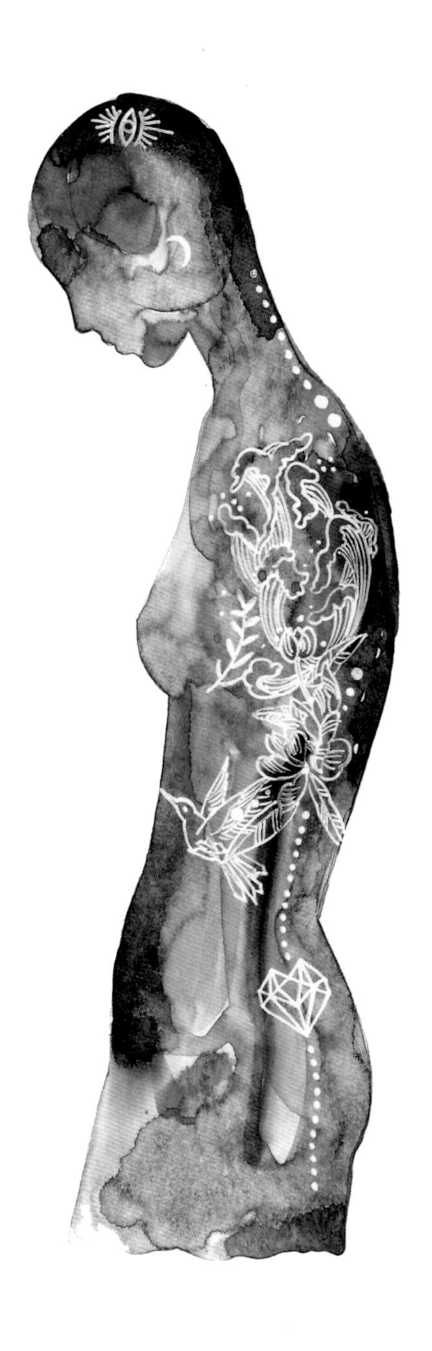

豹纹

大约在 1920 年代，豹纹皮毛大衣开始小范围地出现，它代表着魅惑、性感、危险。除了当红的电影明星及上流名媛，普通女孩很少选择豹纹大衣，内心的禁忌还不允许她们披上这款过分野性的衣衫。

40 年代，豹纹第一次被高级时装品牌迪奥运用到设计中，迪奥将豹纹与优雅线条、流动下摆完美结合。同样也是第一次，豹纹被定义为某种“别致的复杂和优雅的平衡”。

70 年代属于朋克摇滚，你可以认为年轻人破坏性的文化给豹纹赋予了一种狂放的野性，也可以认为豹纹完全契合当时年轻人追求自由、特立独行的精神诉求与审美口味。总之它广泛地流行起来。

人们泛滥地将自然界中这种褐色斑点图案称为“豹纹”，它的英文单词为“Animal Print”。Animal Print 不仅指豹纹斑点，这种图案还意味着隐藏着的捕食者，因为它们在野生植物和自然阴影中狩猎。狂野的气息，神秘感，不安分感……豹纹产生的视觉效应，也许恰恰让我们内心残存的、属于原始时代的某种潜意识猛然苏醒，“战斗或逃跑”的心理体验惊险却充满诱惑。“人性的，富有人性的东西，大体上说确实是动物性的。”日本作家芥川龙之介如是说。时尚与文学，在某些时刻也能达成统一。

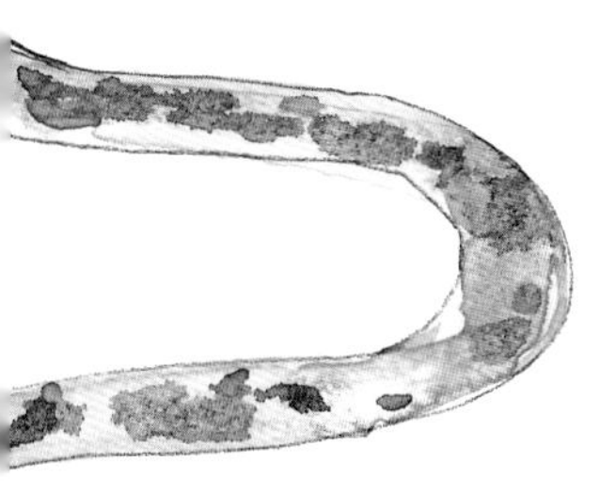

黑色

当原始人随手捡起一块燃烧过的骨头在洞穴的墙壁上画出一根线条时，黑色就诞生了，成为艺术中的一种颜色。时尚一直以来都是脆弱的，季节的更替，时代背景的演进，人们虚荣心的转换，驱使着时尚增加或减少自己的规则，但总有一些事物自成一派，兀自独立，黑色就是其中之一。无论是新教徒朝圣者或是哀悼的寡妇维多利亚女王，或是放置于口袋里的一块蕾丝手绢，黑色都能赋予其隐喻的意识与表达。同样，黑色的独特性亦无可替代。虽然昂贵的黑色服饰在 14 世纪已经被欧洲中产阶级视为华贵的着装方式，但新教改革派赋予了它一个新的象征意义。黑色成为一种沉默的拒绝，抗议天主教的辉煌奢华。在 16 世纪，它是神秘的巫术和邪恶的势力，转而到了 19 世纪，诗人又认为黑色是浪漫而诗意的，尽管诗意里缠绵着忧郁与孤独，开出一朵恶之花。

可可 · 香奈儿的言论是："一个女人只需要三件事物，一件黑色的外套，一件黑色的毛衣和她的手臂挽着一个她喜欢的男人。"那个时候的让 - 保罗 · 萨特（Jean-Paul Sartre）也总戴一顶标志性的黑色贝雷帽，与西蒙娜 · 德 · 波伏娃一起去咖啡馆。战后经典的黑色皮夹克，被摩托车手和街头帮派们穿在身上，活跃于美国社会的边缘。朋克们除了黑色不需要其他颜色，撕裂的黑色渔网袜和紧束的黑色裤子成为新一代哥特们困惑的浪漫。如果没有黑色，就没有一整代的日本设计师，他们用黑色的"反时尚"精神挑战了整个西方时尚界的传统规则。黑色从来都属于那些不接受既定规范和价值观的人。

黑色同时是谦虚和傲慢。黑色是懒惰和容易。

但最重要的是，黑色说：“我不打扰你，

你也不要打扰我。”

——山本耀司（Yohji Yamamoto）

波尔卡圆点

提到波尔卡圆点，你会想到谁？草间弥生（Yayoi Kusama），或者川久保玲（Rei Kawakubo）。波尔卡圆点安静而规律地排列着，带给了艺术家无限遐想，它可以性感，也可以禁欲。波尔卡，亦指一种捷克民间舞。被同一个名字命名的花纹和舞蹈，都兴起于19世纪。波尔卡舞蹈注重有序规整的队列变换，波尔卡圆点就好像它的抽象演变，克制的韵律实则有千变万化的可能。

19世纪的波尔卡圆点，出现在家庭妇女的衣衫上，出现在环法自行车赛的山间赛事中，随着时代的发展也出现在摩登明星的泳衣上。1920年代、1930年代的圆点织物在女装中的运用已经非常流行，艾丽丝·费伊（Alice Faye）、伊丽莎白·泰勒、玛丽莲·梦露都穿过印有波尔卡圆点的服饰。各阶段的时尚潮流更迭不息，波尔卡圆点总是一次次被眷顾，它比已经衰落的波尔卡舞蹈幸运，从诞生以来就从未退出时尚舞台。

波波头

“一战”带来了女权意识的崛起，繁琐的长裙被裁剪成简洁的套装，卷曲的长发也渐次变短，在当时代表着摩登和前卫。

让这款仅达下巴、强调流畅轮廓线的短发发扬光大的，是向来先锋的法国女性。当时周旋于法国文艺名流间的名媛凯丽亚希斯（Caryathis），因求爱不成，剪掉了一头秀发。她的舞蹈学生可可·香奈儿随之效仿。这款在当时“惊世骇俗”的发型形成了一股强大的时髦风尚，甚至照耀了之后的整个爵士时代。为了应对强烈的反对声音（主要来自保守家庭的父母与丈夫们），很多女性特意买了假发，适时掩饰自己有些“放荡”的波波头。

时尚事物大多昙花一现，经典的波波头却反复循环，在漫长的岁月中坚守至今。强势如安娜·温图尔（Anna Wintour）、维多利亚·贝克汉姆（Victoria Beckham），数年如一日地留着波波头，仿佛是对于外界的一种防御。时尚的拜物教可以是一种心理建构与暗示，只对愿意相信的人有效。

身体穿孔

身体穿孔在很多人的刻板印象里，仿佛只与染发、性、朋克青年有关。旧时有些人因为宗教或精神原因而穿孔，而现代更多形式的穿孔只关乎自我表达、审美取向、性快乐。最常见的是耳洞，因为太普及，所以我们几乎都意识不到这也是身体穿孔的一种，而将它与鼻环、舌环，或者脐环甚至乳环区分对待。

西方社会在 20 世纪初那个文质彬彬的年代，任何身体部位的穿孔都不常见，这与我们现在所看到的情形实在大相径庭。“二战”之后，同性恋文化等文化形式开始逐渐萌芽，身体穿孔大约从 60 年代开始普及起来，70 年代的朋克将单纯的穿孔扩大化，在皮肤上形成拉伸的效果。到了 90 年代，肚脐穿孔和眉毛穿孔变成了一种流行趋势，逐渐被社会主流认同。

身体穿孔对于青少年的诱惑最大，或者说，存在争议本身就是一种诱惑。很多学校都对于穿孔的年龄有强制性的要求，在法律的要求下，一些地区的青少年在穿孔时需要出示身份证甚至有家长陪同。而在大多数企业中，也对着装及身体穿孔有严格限制和要求。即使在今天，身体穿孔仍常与青少年的反叛联系在一起。

对于门槛很低的时尚界来说，流行本身就是一种规则。针对一些只想尝试穿孔装扮效果的人，商家发明了各种有黏性的装饰钉，自然不少人跟风，不过却被穿孔一族嗤之以鼻。

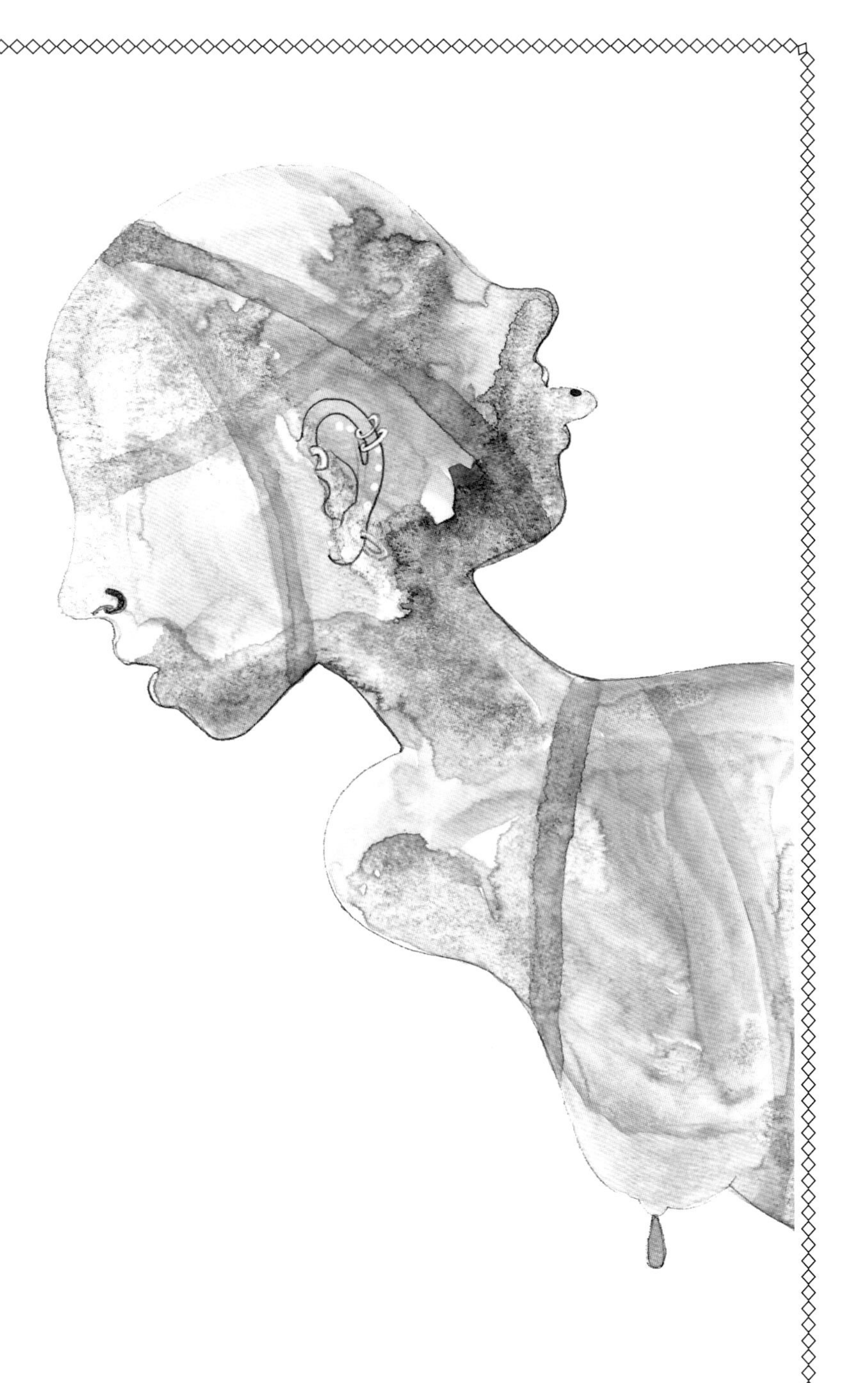

手套

忧郁帅气的纽兰与伯爵夫人梅同乘一辆空间逼仄的马车，彼此深爱却不能在一起的俩人此时无言以对，纽兰戴着白手套的手握住梅的一只手，轻轻解开她的小羊皮赭色手套的纽扣，埋下头亲吻了她裸露的手腕。

电影《纯真年代》中的这一幕唯美性感，静谧的手套似乎暗藏着汹涌的激情。

虽然现代社会中的手套功能已退化为冬季御寒，但曾经的它是人们社交礼仪中一道必不可少的壁垒。古埃及的贵妇们用蜂蜜和香油涂抹双手，再戴上薄薄的手套，保持双手的细腻美丽。古罗马人在吃饭时会戴上亚麻和丝绸制成的手套，以示庄重。在整个中世纪，手套都是阶级尊严和荣誉的象征，不同身份的人佩戴不同质地的手套。即使是骑士决斗，也需要先将手套扔在脚下，以表挑战的决心。

从某个时刻开始，喷洒香水的手套变成了爱情的信物。伊丽莎白女王的宠臣坎伯兰三世伯爵，将女王送的手套折叠后塞进自己佩戴的头盔，而女王的另一位忠臣罗伯特·德佛罗伯爵则将女王赠送的手套用缎带绑在手臂的盔甲上。

如今的我们大概只能从小说或电影中，去重温曾经只属于手套的精致与风情。

男装女穿

在整个人类历史中，男人和女人一直都在尝试穿着彼此的衣服，男扮女装或女扮男装时有发生，并不是今天的新鲜事。正如高跟鞋，我们习惯性认为它是女性的专属，而忘记早期的高跟鞋其实是为男性发明的。

20世纪初，“一战”催化了妇女解放运动。在此之前，社会习俗对于女性的着装要求非常严格。长至脚踝的衣裙，过度严实的上衣和紧身胸衣都是必需的。随着越来越多的男人走上战场，妇女也开始有机会进入社会工作。虽然她们仍然穿裙子，但服装款式变得更加男性化，比如采用了定制的西装夹克和衬衣。1920年代的西方女性获得了选举权。女性审美更加男性化，也更为实用，可可·香奈儿精准地抓住了这一契机，在“Flappers”（1920年代着装中性的年轻女郎）的带领下，紧身胸衣被完全抛弃，男孩一样的身材，宽松的衣服，是这个时代最时髦的象征。

好莱坞影星马琳·黛德丽（Marlene Dietrich）在1930年代穿的中性服饰已摆脱了男士套装风格的影响，与当时金发尤物的典型女性化形象形成了鲜明的对比。“二战”时期，实用性服饰成为人们的优先选择，也对男装女穿起到了很大的推动作用。

可以说，男性服饰对于女性化的着装风格是一种调剂，而女权主义的崛起也在很长时间内让女人试遍了各种着装方式，来宣示自己的权利。男女着装的界限愈发模糊，至少在今天的时尚界看起来是这样。

Old School

Old School 常被叫作老派，但其实不是这个意思，可以理解为“古着”的一种。在大众的认知里，“古着”可以泛指上一代的任何事物，衣服，音乐，发型……我们对 1960、1970 年代的想象，包括少女式保守的衬衫裙，男人头上锃亮而有型的发蜡，旧旧的很老款的牛仔裤，几十年前的 Chanel 2.55，好像“古着”这个词包罗万象。

但 Old School 不一样，它常因一种音乐风格被提起。和纽约 1970 年代后期到 1980 年代的嘻哈有关，也有迪斯科的影子，但实际上是一种带鼓点的电子流行乐，有刮碟和混音的技巧。专属服饰大概是嘻哈混合街头的感觉，标配是棒球帽或毛线帽，松垮的T恤衫配旧牛仔裤，一点都不眩目，反而是一种不愿搭理任何事物的冷漠感，常被形容为酷。

为什么时髦的年轻人会喜欢不再簇新的衣物呢？大约他们眼中的 Old School 独具诗意，当年 Old School 的那批音乐人在他们的年代代表了潮流先锋，如此一来，也有向前辈致敬的意思吧。

小黑裙

“每个女人的衣柜里都应该有一条小黑裙。”可可 · 香奈儿如是说。在此之前，黑色是葬礼的颜色，代表着禁忌。爱人去世后，香奈儿独自支撑着服装生意，并且开始用黑色面料裁制衣裙。在她的剪裁中，黑色意味着永失所爱之痛，但也有一个女人以一己之力去抗衡世界的决绝 。

距今一个世纪前，是香奈儿率先设计了小黑裙，令黑色不再缄默，由此成为法国时尚的象征。伊迪丝 · 琵雅芙 (Edith Piaf) 在吟唱爱与失去时，穿的就是这样的小黑裙。而小黑裙真正在世界范围内风靡，是在 1960 年代。当时奥黛丽 · 赫本在电影《蒂梵尼的早餐》中穿着纪梵希的小黑裙，站在珠宝店前面漫不经心地吃着牛角包，这幕优雅的风姿令整个美国为之倾心。这一幕后来也被评为史上最令人难忘的经典银幕形象之一。很快，小黑裙的概念普及到了更广的范围。在当今时尚流行趋势的术语里，小黑裙被定义为周期循环款式的最典型例子。可以被更替，可以被换新，但绝对是所有品牌都不愿割舍的经典单品。理念不同、风格不一的设计师们都无法拒绝对小黑裙的设计。缪西娅 · 普拉达认为时装既是永恒的，又是暂时的，她曾在书中写道：“对我来说，设计一条小黑裙是努力用简单而平凡的东西表达女性、审美和当下的复杂性。”一条质地精良、剪裁优雅的小黑裙对于女人来说究竟意味着什么呢？ 1994 年黛安娜王妃那条著名的“复仇小黑裙”，应该可以给出除了优雅、迷人之外的更多答案吧。

卡其裤

卡其这个词源自印度语中的“Khak”，意思是“土的颜色”。英国军队长期穿着红白色制服，鲜艳的颜色在英国本土有着抵御寒冷、提高士气的效果。直到 19 世纪中叶，驻扎在印度的一名英国军官率先制作了包括卡其裤及衬衫在内的制服。据说当时的卡其裤是英国士兵将白裤子用咖啡和咖喱粉染出来的，这样的颜色被认为在干燥的棕色地域中是军团绝佳的作战选择。卡其色制服也因此在 19 世纪后半叶成为英国制服和印度军警制服的标准色。一时间，世界各地的军队都开始复制这种军装风格。

1945 年后，无数吨剩余的军用卡其裤被陆军和海军的商店转移到自由市场，这些裤子几乎成为了美国每个城镇的畅销品。退伍的士兵们穿着卡其裤返回家乡，继续他们的平民生活。当时的大学生则穿着卡其裤来展现舒适、流行的面貌。一条卡其裤，可以穿到演讲厅，配上夹克或者领带又显得轻松且时髦。卡其裤逐渐被上流社会和学院派所接受。

如今这种用棕褐色斜纹织物制成的裤子，不再仅仅出现在男性世界中。经典如伍迪 · 艾伦（Woody Allen）的《安妮 · 霍尔》中敏感的小知识分子，无论男女，都不会拒绝一条卡其裤。

墨镜

“你可以只穿 T 恤牛仔裤，让你的‘粉丝’感觉与你亲近，但也要戴上好墨镜，让他们知道自己买不起。这是你与他们之间的距离。”美剧《欲望都市》中精于人事的萨曼莎对她那位刚刚红起来的小情人明星如是说。

一直以来，时尚潮流都影响着军装风格，反之亦然。美国曾做过一个战场上的大数据调查，发现士兵因为嫌弃护目镜款式太土气而不愿意戴，因此眼伤的比例居高不下。此后装备部门对护目镜进行了改良，让其外观看起来时髦炫酷，眼伤的比例就下来了。

虽然西方最早的墨镜是提供给 19 世纪的滑雪者与探险队员，用由大自然中能够采集到的天然有色琥珀制成的镜片，但真正使其成为潮流单品却源于“二战”时期的一个契机。当时一位空军中尉登门拜访了博士伦公司，他提出很多具有丰富经验的飞行员在飞行实践中，由于受强烈日光的困扰，出现头晕目眩的症状而影响操作。随后，博士伦公司研制出一款可以吸收大量日光并发散热能、视觉也非常清晰的太阳镜，作为飞行员的护目镜。这款墨镜取名“雷朋”，Ray-Ban 有阻挡炫光的意思。雷朋墨镜，哈雷机车，芝宝打火机，成为美国文化的象征。

很多时候，时尚总能形成一股欲望的浪潮，所有为了功能而诞生的事物最终都幻化为价格，成为开篇萨曼莎口中划分人群阶层的某种标志。

LONG
WAY
HOME

机车夹克

摩托车手，摇滚歌手，朋克青年，画家，在各种类型的人群着装里都可以看到机车夹克的存在。

1950 年代，机车手们看中了战争期间流传下来的皮夹克强韧的质感以及良好的保护性，于是选择它作为制服。当时的机车手往往来自对政府不满的退役军人，他们结成帮派，四处集会，招来暴力及酗酒的骂名。在那个西装革履代表着体面的时代，他们以这样的形象向世人宣告：“我们是自豪的工人阶级。”年轻的马龙 · 白兰度在电影《狂野一族》中，塑造的就正是一个身着机车夹克的不羁青年形象。

优雅又颇具革新意识的设计师伊夫 · 圣 · 罗兰率先将机车夹克领入时尚界。1980 年代，迈克尔 · 杰克逊更是将机车夹克推上了潮流的顶峰。虽然机车夹克曾被贴上了诸如暴力、酒精、亚文化等标签，但时至今日，机车夹克早已不是叛逆的代名词。年轻小妞们只是希望自己看起来酷酷的，并不是真的坏。

珍珠项链

宝石中同时具备两种气质且反差极大的，大概只有珍珠。它可以含蓄典雅得一点不夺目一点不招摇，也可以雍容华贵到被镶嵌于贵族的王冠。在我们的惯有认知中，珍珠似乎是属于西方的首饰，但若论温婉雅致，日本女人倒是将珍珠佩戴得更具东方意味了。不过无论东西方，青睐珍珠的人群年龄跨度都极大，含蓄圆融，大概不仅是渐趋成熟的心智才愿意接受的美吧。

珠宝界以天然海水珍珠为贵，而天然珍珠中又以圆润的粉珠为上品。认同圆满事物的人们向来更愿意选择又大又圆的珍珠，那些品相不好的同类则被磨成粉末掺入药中，宿命惨淡。不过挫骨扬灰的珍珠一定想不到，自己会被商人制成赝品后标高价流于市面，和那些出身高贵的同类殊途同归。风行于 17 世纪欧洲的巴洛克艺术风格饱含浓郁的激情，而“巴洛克”一词的本意恰是“畸形的珍珠”。这样看来，人们约定俗成地挑大而圆的珍珠，其实是一种拘泥、古板的审美，却还不自知。

可可 · 香奈儿就完全不介意珍珠的真假，还说过“把一大串价值连城的珠宝挂在脖子上，倒不如直接往身上贴满钞票好了”这样的话。每天都昂头挺胸戴着人造珍珠的香奈儿，丝毫不介意外界的眼光。不过同样的事，若是换个人说，换个人做，估计也难成佳话。傲气与能力并存如香奈儿，才担当得起这份自由。

已有的事后必再有，已行的事后必再行。日光之下并无新事。

岂能有一件事人能指着说这是新的？哪知，在我们以前的世代早已有了。

——《圣经》

3D 打印

也许人性的根本在千百年间不过是循环往复，但技术却可以更新迭代，从而改变人们的所见所闻，甚至所思所想。3D 打印技术就是其中之一，设计师艾里斯 · 范 · 荷本（Ires van Herpen）在 2011 年首次尝试将这项技术运用到时装产业中，在时尚界掀起的波澜绝不仅是投石问路而已。

将任何三维模型或其他电子数据输入电脑，连接 3D 打印机，便可以通过计算机控制将原材料层叠，不断添加成一个完整的三维物体。虽然我们以为这是 21 世纪才有的产物，但其实在 1970 年代 3D 打印机就已经问世了。最初的打印机笨重、昂贵，并且能够打印的东西十分有限。随着技术的改进，今天的 3D 打印在各个领域都已经非常普及了。

不过在时尚的世界中，由于成本、工业体系等原因，3D 打印并没有得到真正意义上的普及。整个人类社会的穿着方式仍然延循着服装商业制造的传统轨道，我们穿着的衣服依然是普通布料居多。传统的 3D 打印材质对我们的皮肤来说太过粗糙和坚硬，虽然在小范围内这个问题已经得到解决，但新材料的亲肤性、透气性或成本控制仍是横在商业利益面前的一道屏障。或许，时装业的未来将以越来越多的 3D 打印作为支撑，技术影响着与我们生活息息相关的一切。

墙壁刷成柔和的灰色，镶着雪白的嵌壁板，地上铺着深灰色的地毯，走在上面柔软舒适。店里没有音乐，没有叽叽喳喳的说话声，顾客们都压低了声音说话。店员是中年女人，穿着端庄的套裙和高跟鞋，头发绾成逛街的发髻。她们是时髦巴黎人的缩影，她们为你提供巴黎的时尚，并以身作则地告诉你什么是巴黎的时尚。

——《奢侈的》黛娜 · 托马斯（Dana Thomas）

Chic

Chic 源于法语“Chique”，指聪明的巴黎品味。当我们想要细细探究这种令人回味的风格时，巴黎人只会耸耸肩说：“不要太努力就好。”

Chic 甚至不是某种具体的艺术风格，它时常被用来形容社会活动、情境，服饰风格以及某个时髦得很聪明的女人。穿着看起来很好的衣物，知道如何处理拥有的东西并得体地炫耀，聪明地遵循时尚的趋势同时具有独特的品味和眼光。这样的女人大约就是 Chic 所指的女人，可可 · 香奈儿不是最早被如此形容的女性，但却是最有名的 Chic 女郎之一。

我们可以说，某一个时期是 Chic 的，如 1920 年代的爵士黄金时期。或者说，某一种时装是 Chic 的，如香奈儿的小黑裙和套装。1970 年代纽约最红的迪斯科乐队取名为 Chic，可惜昙花一现。法式 Chic 是恒久的风尚，正如巴黎的样子仿佛从来没有变过。“二战”时期德国曾计划将整个巴黎的时尚工坊搬迁至柏林，让柏林成为世界的时尚中心，最终这个计划失败于业内人士巧妙的抵抗。彼时强大如德国，嚣张的铁蹄践踏过优雅慵懒的巴黎，想要掠取法式 Chic 的风情，却也只能败北。

尽管夏尔 · 皮埃尔 · 波德莱尔（Charles Pierre Baudelaire）曾经称 Chic 为“可怕的，奇怪的词，我甚至不知道如何拼写”，但并不影响这一语焉不详又独具腔调的词经久不衰地被时尚追随。

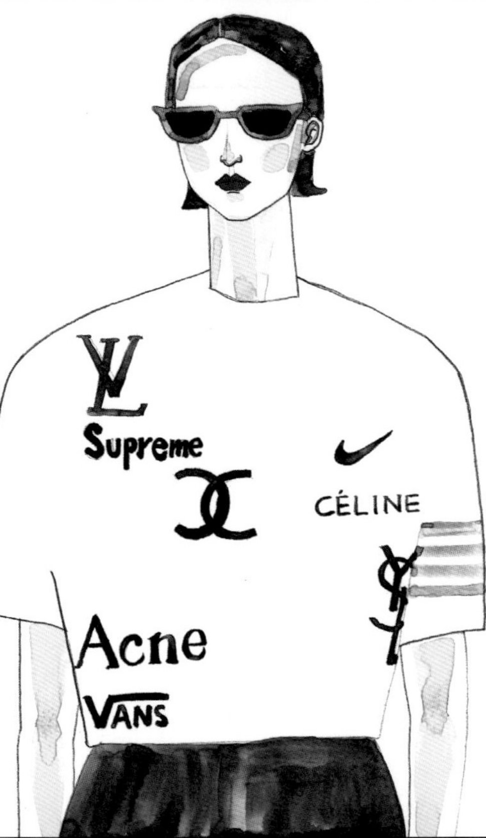
Supreme
CÉLINE
Acne
VANS

Logo 主义

1888 年，路易 · 威登的儿子乔杰斯设计了一款印着巧克力色和米黄色错落交织的西洋棋盘图案，一些棋盘格里写着“marque Louis Vuitton depose”的白色字样。1896 年，乔杰斯又设计出有花押字的图案，交缠着的“LV”字母之间镶嵌璀璨的钻石，构成浪漫的星星和花朵图案。这款设计的初衷是为了防止抄袭，还在 1905 年注册了商标。当时的乔杰斯一定不会想到，百来年后，这款设计会是世界上最广为人知的符号之一。

1980 年代，赤裸裸的消费主义彻底取代了 1950、1960 年代优雅精致的审美观，人们热衷于努力工作且尽情享乐，夸张的发型，鲜艳的妆容，大号的珠宝，浮夸的衣物，大手笔花钱被看作时髦的行为，印满 Logo 的衣包鞋袜也变成了设计的一部分。人们热衷于将印满大 Logo 的商品穿在身上，尽管很多时候这只意味着一件事，“我买得起”。纸醉金迷的民众乐于被品牌牵着鼻子走。不过很快，走 Logo 路线的奢侈品牌看到了事与愿违的效果，令人诟病的设计方式损坏了品牌形象，狂躁症一般的 Logo 风第一次受到打击。

在此之后的很长时间，Logo 印花大多被设计师作为一种幽默的讽刺元素运用在设计中，除去每个时期都有的“暴发户”心态对 Logo 满印的狂热推崇，奢侈品牌已鲜少将 Logo 满印运用于自己的品牌形象和主打商品。奢侈品的 Logo 大多具有独特的美感，但过分的商业影响让这种第一眼美感只剩下低俗。铺天盖地的视觉呈现本就是一种廉价的审美。

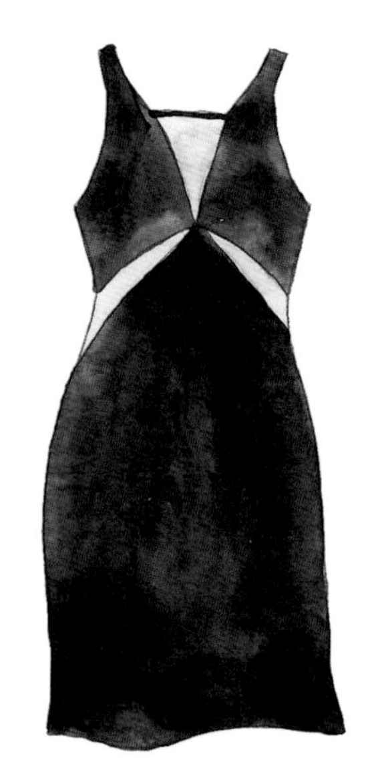

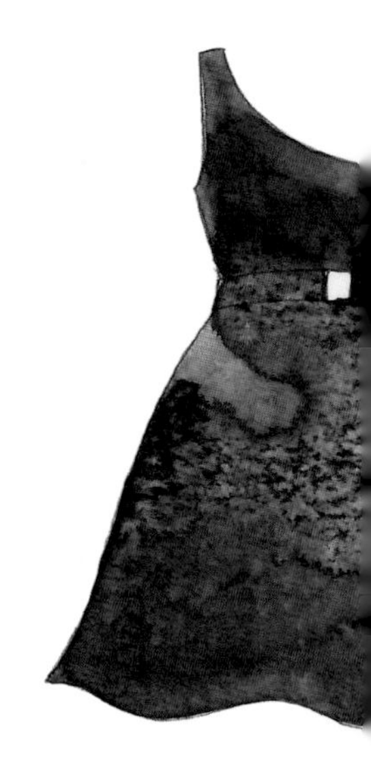

裤袜

1789 年法国大革命爆发，随着法国君主专制制度的坍塌，整个欧洲大陆的封建秩序被撼动。社会阶层的打破重组，让一切事物重新排序，曾经属于宫廷贵族恒定审美标准的紧身装束，被宽松随意的平民服饰取而代之。从文艺复兴到法国大革命的几百年时间里，穿着紧身裤袜，尤其是彩色裤袜都是欧洲上层男士尊贵、时髦的象征。那个年代没有尼龙、莱卡等弹性面料，怎么做才能使裤袜完美勾勒出腿部线条呢？答案是编织。在当时编织一条裤袜只能通过手工完成，所以裤袜的身价不菲，一般平民可穿不起，而且每天劳作的民众也没条件束缚着身体展现线条。

任何社会都无法抑制民众对美的本能追求，这催生了不少制造美的产物。1930 年代环形编织机问世，这种机器可以织出完全没有交合缝迹的环形织物，无缝编织让裤袜的身价大跌。而当代女性真正要感谢的是 1935 年美国杜邦公司发明的一种透明的、有丝一样外观的纤维，它就是尼龙。NYLON，开头两个字母恰是 New York 的简写。尼龙的出现，让现代裤袜和几百年前的裤袜真正拉开了距离。“二战”期间，尼龙作为一种新型面料被用于降落伞、飞机轮胎、军服等军备品的制作。当时所有的生产需求都要为战争让步，很多女性只得用颜料在腿上画出丝袜，维持体面。时代变迁中，穿着裤袜的阶层已经改变，连男女性别也悄然转换。

从最美的东西出发，我们可以过渡到简洁，实用，廉价。

我们可以从一件令人欣赏的裙子过渡到成衣制作，但是反过来是不可能的。

这也是为什么时尚一旦布满街头便会很快地消亡。

——可可 · 香奈儿

Chanel 2.55

提供给我们无数谈资的卓越女士可可 · 香奈儿，在 1955 年 2 月推出了一款配有金属链条的翻盖可闭合方形包，取名 2.55。此后的几十年，这款娇俏别致的包成为最炙手可热同时也是被抄袭最多的一款包型，它在全球波及的范围和速度堪比传染病。

永不过时的黑色菱格纹，金属与皮质缠绕的链条，让整个包看起来摩登又高级，完全符合可可 · 香奈儿一贯主张的 Chic 风格。然而不得不说，如今所有的好设计，除了设计师每季推陈出新的功劳，更应感谢当下遏制不住的商业大潮。2.55 水涨船高，除了卡尔·拉格斐（Karl Lagerfeld）多年来兢兢业业地不断添加新元素外，经济崛起的中国消费者也功不可没。

虽然早已功成名就，可可 · 香奈儿对自己寒微的出身仍然讳莫如深。那些关于陈年旧事的念想，始终掺杂在她的设计中。金属链条的设计是源于儿时所在孤儿院守门人的钥匙链，红色的皮革衬里是孤儿制服的颜色，双 C 标志的设计灵感来自孤儿院的彩色玻璃窗。“可可是一个为了自身的独立而牺牲了一切的女人。她虽然取得了独立，但陷入了孤独，付出的代价是昂贵的。”今天对 2.55 狂热的消费背后，承载着各种各样的欲望，而这些都与香奈儿的孤独无关。满大街的仿制品，跟风的设计，对原创者来说也是无所谓的，她在世的时候就说过：“一项发明一旦创造出来，就是为了消失在默默无闻之中。由别人来实现这些，对于我来说是一件快乐的事。他们所认为最大的悲剧是抄袭，而对我来说抄袭是不存在的。”

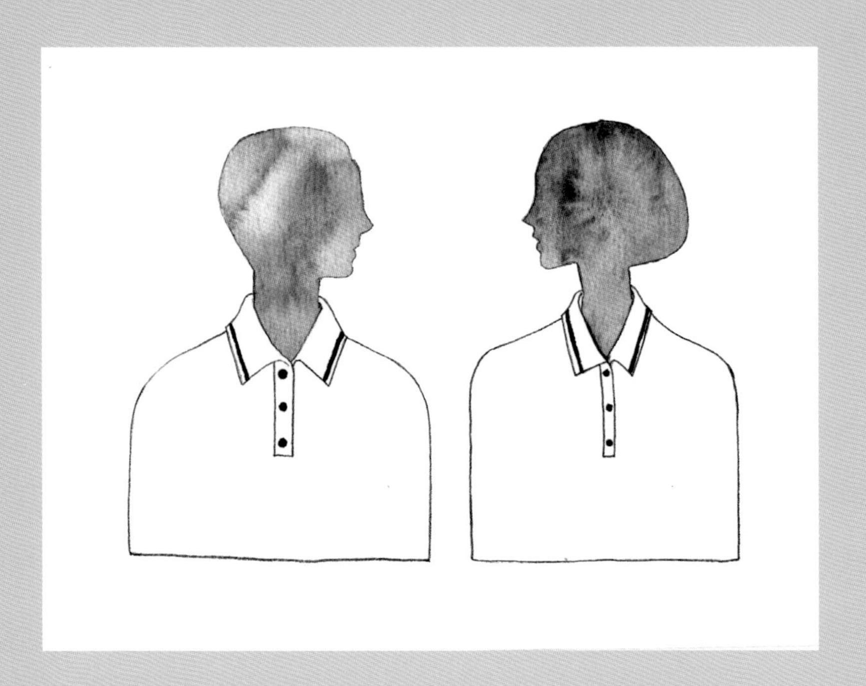

Polo 衫

Polo 衫，也叫作马球衫、网球服，由类似衬衫一样的衣领和 T 恤一样的衣身组成。最初 Polo 衫是为驻扎在印度的英国马球俱乐部成员而设计的，之后这项运动被引入了英国，Polo 衫逐渐受到欧洲人的喜爱，除了打马球以外，在 20 世纪初还被网球运动员穿着。

在此之前，网球运动员通常是穿着长袖白色衬衫，系上领带来参加比赛。这样的运动装束自然不会太舒服。一个著名的网球运动员勒内·拉科斯特（René Lacoste）（获得了法国网球赛七次大满贯）设计了一件白色、短袖的棉布衬衫，只有一颗纽扣的门襟，由于他拥有“鳄鱼”的绰号，因此他在衬衫的左胸部缝上一枚鳄鱼标志，这就是现代 Polo 衫的雏形。之后拉科斯特创办了举世闻名的 Polo 衫品牌 Lacoste，标志性的图案仍然是鳄鱼刺绣。1972 年，另一个设计师拉尔夫·劳伦 (Ralph Lauren) 将 Polo 衫列为他的成衣系列中的主要单品，虽然没有专门针对网球或马球运动员穿着，但他设计的 Polo 上刺绣着一个正在挥杆的马球手的图案，这也让人联想起 Lacoste 的鳄鱼标志。虽然是同一个营销策略，但由于 Ralph Lauren 服装的普及性，大多数人开始把 Lacoste 的网球衫也称为“Polo 衫”。

除了运动场合，Polo 衫逐渐成为大学生和精英们的习惯性穿着单品。标准搭配是 Polo 衫配卡其裤、牛津鞋。曾经有一部国产连续剧，里面刚毕业的大学生都穿着 Polo 衫，并把领子立起来，这个造型一度被年轻人诟病。但实际上，运动场上的很多运动员的确有穿着 Polo 衫立领子的习惯，这样可以保护颈部不被强烈的阳光晒伤。

从 1990 年代开始，Polo 衫更是成为男士非正式商务服装的一部分，在各种非正式场合都非常常见。更多诸如校服、销售服装、酒店服装等制服的领域里都有 Polo 衫的身影。风格中性的 Polo 衫并不一定能完全显露个性，但如果希望看起来不出错，有精神，Polo 衫是一个不错的选择。

巴拿马草帽

虽然只是草帽，但是一顶制作精良的巴拿马草帽可以卖到几万美元不等。这顶出产于厄瓜多尔的帽子，由当地人用托奎拉草（一种类似棕榈树的植物）手工编织而成，至今只有不到400年的历史，却风靡了整个世界。

巴拿马草帽俨然如精致的工艺品，选用的材料虽然质朴，但因其精湛的制作工艺而价格不菲。帽子上的圈织得越紧密，所花时间自然会更长。最好的巴拿马草帽往往要花三个月以上的时间才能完成，托奎拉草被编织得如布一样紧密细腻，散发着微幽的光泽，与高贵的丝绸搭配也毫不逊色。品质最好的巴拿马草帽甚至可以对折再卷起来，放进窄小的盒子也不会变形。甚至有传言可以用来盛水，卷起来可以穿过一枚戒指。当然这种品相的草帽在任何时代，都是专属上流社会的消费对象。查尔斯王子，丘吉尔首相，罗斯福总统，都是巴拿马草帽的拥趸。

夏目漱石的《梦十夜》里，庄太郎每当夕阳西下，就喜欢戴着宝贝一般的巴拿马草帽，坐在水果店前看路过的女子，并频频发出赞叹之声。故事的结尾，作者的注意力似乎也集中在这顶帽上。估计夏目漱石本人也对巴拿马草帽有着执念吧。

文胸

1950 年代流行过一种子弹文胸，也被称为鱼雷或锥形文胸。女性穿着贴身的针织衫，乳房呈玲珑的尖锥形突兀地顶着衣衫。当时较小的胸部比较受欢迎，当下当然是丰满上围占据了主流审美。内衣的历史可能和服装史一样漫长，但文胸却是 19 世纪的产物。束缚了欧洲女性身体几个世纪的紧身胸衣，主导将乳房向上推。文胸的出现让女性的胸线开始缓缓地向下调整，这在一定程度上让身体得到解放。1839 年纽约的一份报纸上第一次出现了“Brassiere”一词，1907 年的《VOGUE》杂志首次使用了这个词。

20 世纪初，内衣行业开始蓬勃发展，竞争迫使生产商们不得不想出各种各样的妙趣设计来吸引顾客。花哨的纹理颜色、妩媚的蕾丝花边、软糯的丝缎褶皱、娇俏的玫瑰花结，一切漂亮的元素隐秘地簇拥在女性胸前。实际上，包括带、钩、罩杯、衬里等，文胸至少有 20 到 50 个构成部分，是最复杂的服装之一。

女权主义者在 1960、1970 年代开始争论文胸是如何塑造女性身体，甚至使女性的身体为男性的期望而变形。从解剖学的角度来说，乳房是不需要文胸的支撑的，穿什么样的文胸，如何选择文胸，都是有意识或无意识受到社会文化对女性身体形状做出要求的影响。对于现在大多数的女性来说，不会不穿文胸去上班或在公共场合出现，因为觉得这样是不合适、不雅观的。然而回家后要做的第一件事往往是脱掉文胸，才会觉得真正放松。从这一点来说，文胸的意义更像是上班族的西装了。

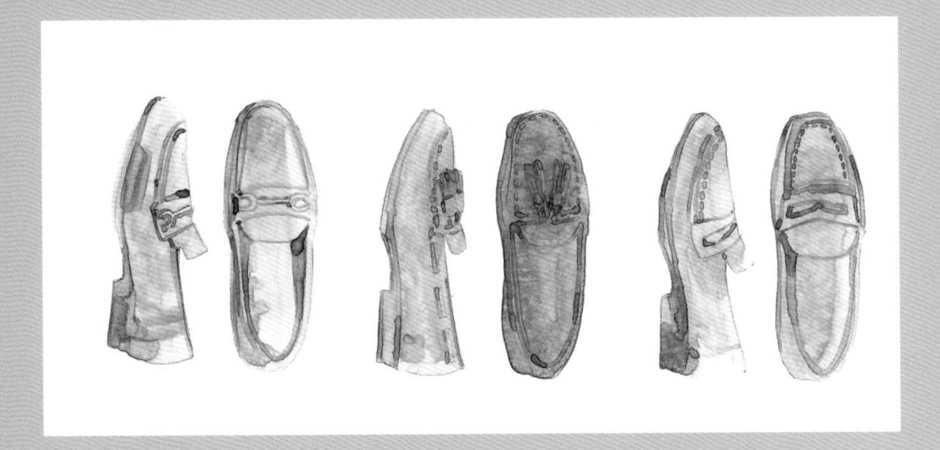

乐福鞋

Loafer，除有“便鞋”的意思外，还有一层意思是休闲的、优雅的人。这款没有鞋带、便于穿脱的舒适鞋子，最早的雏形是根据 1930 年代美国一家公司的员工从挪威带回的一双渔民鞋所设计。

1950、1960 年代，充满随性感的乐福鞋是美国大学校园里的流行指标。有大学生将一枚硬币嵌入鞋面镂空的装饰皮条下，既是装饰又可以支付一次公用电话费，旋即成为了学生之间流行的游戏。乐福鞋从此多了一个称谓，Penny Loafers。

当时的年轻人们会穿一双纯白的袜子搭乐福鞋，很有派头的样子。不知从什么时候开始，乐福鞋要光脚穿，露出裤脚与鞋面之间的脚踝，那种懒洋洋、慢条斯理的雅痞模样，正巧让穿着者看起来时髦得一点也不费力。

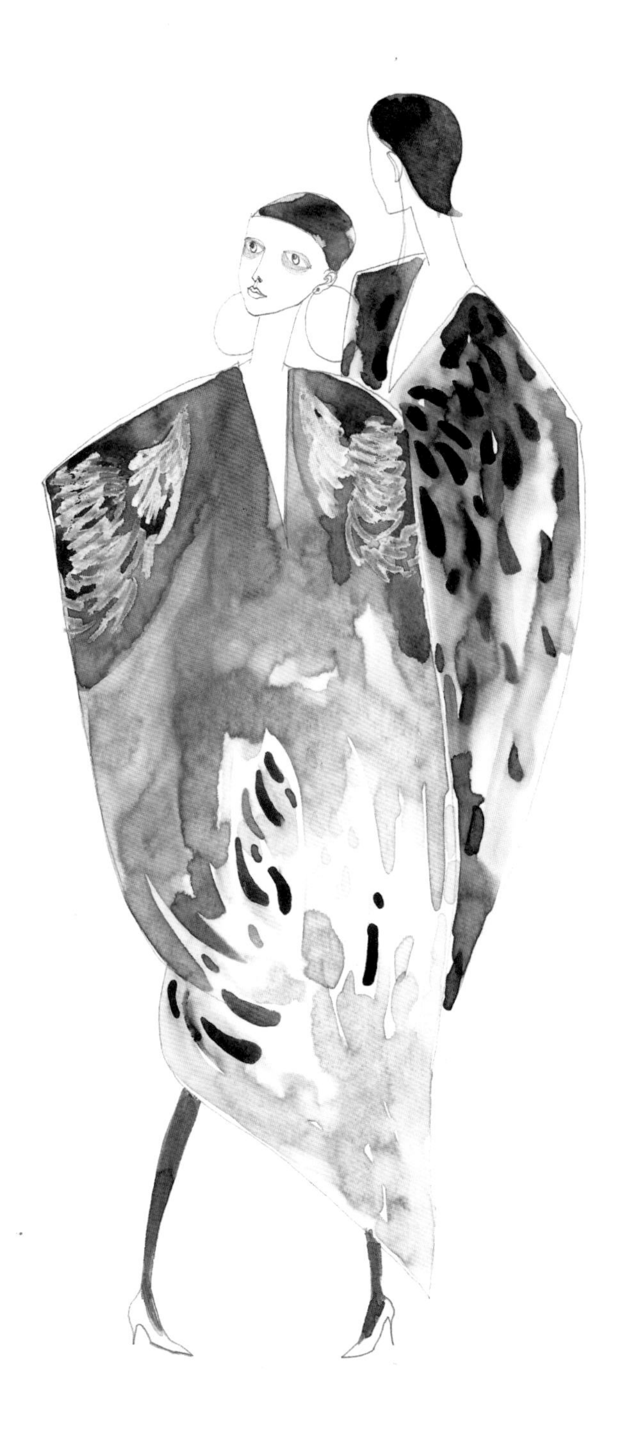

垫肩

为了在运动中避免碰撞带来的伤害，普林斯顿足球运动员在 1877 年设计出垫肩。也许正是这样的出身，让垫肩的宿命始终在“阳刚”“安全感”的旋涡中徘徊。

1931 年，前卫的设计师艾尔萨 · 夏帕瑞丽第一次将早在男士服装中广泛运用的垫肩嫁接到女士西装中，这一创新的设计很快掀起了一股风潮，好莱坞的各个工作室立刻让知名女星尝试这样的新款女士西装。美艳尤物在垫肩的衬托下形成化学效应般的反差，性感特质因男性化元素的对比，愈发出挑耀眼。及至物资匮乏的“二战”期间，无论男女的服装款式都乏善可陈，女性时装变得越来越军事化。这个时期的夹克、外套，甚至连衣裙都趋于中性化，垫肩变得更加庞大。妇女们意识到自己要离开家庭去工作，为了自己的国家，她们需要时刻穿着出一种表现勇敢和信心的外观。垫肩的时尚性已退居其次，而是体现了战时人们所需要的坚强与勇气，同时也隐藏着一丝经济紧缩的拘谨。

战争结束后，人们都希望尽快遗忘战争中不得不节衣缩食的记忆，女人们则希望恢复自己柔美舒展的身体线条，垫肩短暂地消失了。至 1980 年代，职业女性开始试图提升在男性世界中的影响力，为了让自己看起来更具权威感，垫肩因能塑造出坚强的轮廓而再度被青睐。

21 世纪初，巴尔曼（Balmain）再次让沉寂已久的垫肩以高耸陡峭的姿态出现在时装设计中。与以往不同，这一次掀起的风潮不再是像男人一样的肩膀。这次的设计更加女性化，向上翻翘的尖形肩膀配以纤细的袖管，虽然很有力量感，但也极其魅惑。垫肩不再是“像男人一样”的潜台词。然而联想到这一时期欧洲经济一片混乱的背景，很难不让人联想垫肩再一次充当了心理安慰剂。有专栏作家讽刺地说：“要抵抗破产所带来的危机感，没有什么比把我硕大的脑袋嵌入肩膀上两个巨大的圆块之间，更有安全感了。”

牛仔裤

1860 年代，矿工和淘金者是牛仔裤的第一批穿着者。此后很长一段时间，牛仔裤都是工人、牛仔、农民及普通劳动者穿着的工作服，因为它的布料坚韧耐磨，而且成本低廉。

1930 年代，《VOGUE》杂志刊登了一篇广告，两个身材凹凸有致的女人穿起了充满男性荷尔蒙的牛仔裤，被称为“别致的西方”。30 年代中期，百货公司的李维斯（LEVI’S）专柜已经可以买到女性牛仔裤，但尚未大面积地流行起来。大约在 1960 年代，反抗保守文化的青年抗议者，将穿着牛仔裤作为他们统一的符号，表现出对工人阶级的声援。对潮流和时尚最敏感的年轻人，很快纷纷穿上随性不羁的牛仔裤。至此，牛仔裤成为青春的符号，款式层出不穷，宽松，直筒，紧身，低腰，破洞……

仿佛只是须臾之间，牛仔裤进入上流时尚圈，著名设计师们纷纷开始制作自己品牌的牛仔裤，并缝上自己的品牌 LOGO。牛仔裤在一个世纪之中，完成了众多角色的转换，这种丰富性令其他时装单品望尘莫及。

时尚印花

自古以来，人们都一直尝试通过某种媒介染成彩色斑块或图案的形式，作为一种上色技巧，来改变单色面料的本来面目，以便穿上更花哨的衣衫。古埃及、古印度和古中国都深谙此道，人们用扎染、绞缬染、蜡染等方法染布，并用木板雕花、滚筒将花纹印在织物上。17 世纪，欧洲上流社会对印花布料的喜爱推动了印花技术的发展，当时印度的印花布料品质最细腻、颜色最明丽，甚至在法国和英国受到了贸易保护的禁令。18 世纪的机械化滚筒取代了传统的手工印花模式，虽然大批量生产的印花布料质量偏差，但实惠的价格让中下层人士也可以穿上俏丽的花衣服了。

1980 年代末，数码纺织印刷彻底改变了时装业的纺织品设计和生产，让从数码相机或电脑屏幕上直接选取图像在布料上成像变成可能。美学和摄影复制大大增加了设计师对优质印刷时尚纺织品的选择，简单的滚筒印花不能达到立体图案效果的弊端被轻松解决。由此诞生了一批以印花设计闻名的设计师，德莱斯 · 范 · 诺顿（Delaisse Van Norton），马修 · 威廉森 (Matthew Williamson)……随着印染业的进步，现在还出现了“智能型”的染料，比如热敏和光敏油墨，它们可以根据环境条件而变色，或者染制出的素色织物会在沾水后出现花纹。

越来越高端的技术以及越来越有趣的内容成为当下印花设计的方向，形形色色的印花图案就像一场数字信息爆炸，自古就爱穿花哨衣服的我们非常愉悦地迷失在这场爆炸中。

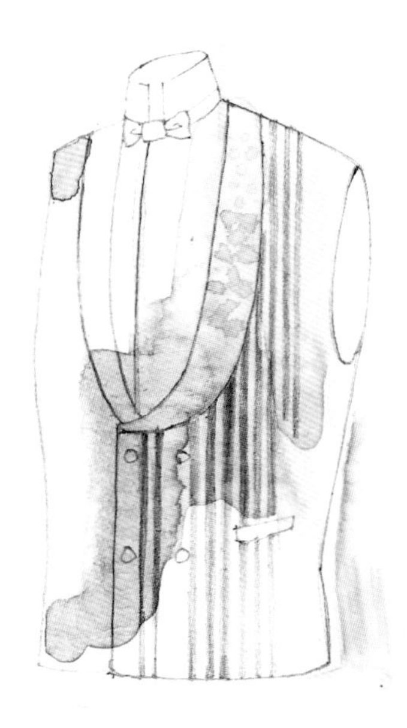

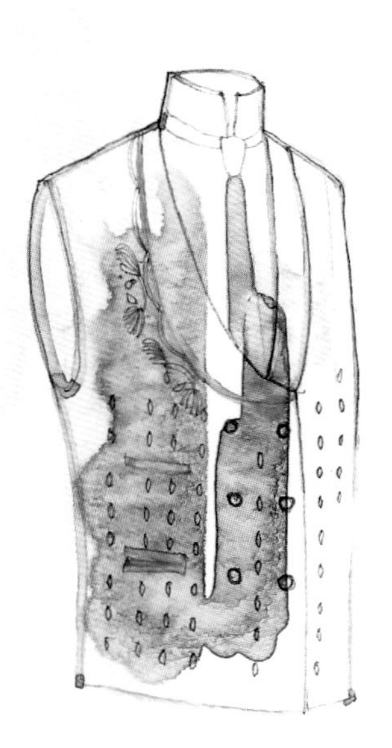

背心

背心是少数几种连原产地及诞生日期都可以被历史学家精确定义的服装单品之一。英国国王查理二世在 1660 年英国君主制恢复之后，希望将自己及其法院与当时奢侈靡丽的法国风格区分开来，于是将挺括的背心作为男士正式服装的一部分。

接下来的两百年，背心被赋予了鲜艳的色彩及华丽的装饰。当时，一位绅士的服装是相当精致的，背心有上乘的丝绸、花边及各种纽扣装饰。颜色极为活泼，因为这个时代的燃料也是昂贵的，大胆饱和的色彩也可以炫耀财富。直到 19 世纪这种风格才被一种更柔和、更贴身的设计理念取代。而在法国大革命和英国工业革命之后的几年里，背心的设计更倾向于实用。从这个最后的鼎盛时期开始，背心的存在一直延伸到 20 世纪。

旧时人们只有一套体面的西装三件套，往往都留到星期天去教堂做礼拜时才穿，以示庄重。而穷人家的男人下葬时所穿的背心只有正面是毛料，背后的部分因为再也看不见，往往采用便宜的衬布来代替，久而久之，这样的背心也变成了一种常见款式。

由于皮带的引入，针织毛衣的普及，背心逐渐退出了历史舞台。男人们穿得更随意，背心更多是出现在 T 台上而不是人们的日常生活中。虽然它不会再如以前一样流行，但作为男装中的一个经典单品依然存在。在轮回的时尚中，谁能确定它不会再度流行呢？

莱卡

尽管历史上有各种蛛丝马迹供考证莱卡这一人造纤维的存在，但直到1959年，美国杜邦公司的实验室才正式宣布发明了一款新的合成纤维，氨纶。它还有一个我们更为熟悉的名字，莱卡。

沙滩上的泳衣开始变得愈加贴体和大胆，这得益于莱卡纤维可以拉伸衣物至原始长度的500%至600%而不破损，并且可以轻易恢复原貌。轻便、快干、弹性好、拉伸力强，让莱卡很快代替了传统尼龙制品，成为了泳装领域的新宠。随着迪斯科时代的来临，氨纶绑腿在许多摇滚和重金属乐队中非常受欢迎，乐手们喜欢穿着紧身的绑腿，看起来时髦而与众不同。

当时，任何一位希望在舞池或健身房中得到关注的女孩，都会想拥有一件紧身耀眼的服装，让自己曲线毕露。混有莱卡的紧身衣，像人体的第二层肌肤，彻底而舒适地展露出身体线条。这一特性被完美地运用到每天穿着的袜子、内衣中，直到今天仍是如此。当然，具有更好拉伸质量的纤维会被持续开发出来，被时尚采用，斗转星移中形成一波一波的潮流。而我们往往忽略了潮流背后的推力，则是凝聚了人类智慧了不起的技术开发。

T 恤

这个世界上会有人连一件 T 恤都没有吗？这种在 19 世纪由矿工和装卸工人所穿内衣演变而来的简单衣物，在此后的两百多年里经历过战争、大萧条、政治风潮、文化复苏、生产力发展、年轻人的反叛……可以说是人类现代史的缩影。

T 恤作为服装款式中最简单的存在之一，几乎在任何场合都可以穿，还可以作为外衣、内衣四季轮番穿，甚至能充当睡衣。T 恤的表达，可以是无心打扮时的偷懒，也可以用来耍酷。年轻的马龙 · 白兰度最迷人的一张剧照是在《欲望号街车》里穿着白 T 恤的样子，凸显紧绷的胸大肌和二头肌，穿上 T 恤竟然有比不穿更好看的效果。

随处可见的 T 恤，即使是大牌也不会贵到令人咋舌。它的存在如此普遍，以至于我们不曾注意到 T 恤作为大众文化象征的前世今生。美国学者皮翠拉 · 瑞沃莉（Pitrira Rivoli）曾写过一本《一件 T 恤的全球经济旅行》，里面介绍了 T 恤背后所带动的人类社会活动，有不为大众所知的美国南方棉花种植血泪史，牵涉当时的自由贸易政策和保护主义，以及隐藏在国际贸易背后的政治与权力角逐。

但我们明明只是想要一件简单的 T 恤而已啊。

热裤

在正式场合穿着热裤被认为是不得体的，毕竟几乎就要露出穿着者的臀线。但在热裤首度成为流行时尚的 1970 年代，它一度成为美国得克萨斯西南航空公司的乘务员制服。同一时期穿着热裤的性感女郎也可以参加英国皇家赛马会，甚至置身女王出现的场合。

起初年轻女子穿着热裤出现在迪斯科舞厅，被认为是迪斯科时尚。这一时期正是西方开始解禁，年轻人拥抱各种潮流文化并挑战传统性观念的阶段，热裤和超短裙成为了当时年轻人的最爱。同时，更多新的织物出现，如聚酯纤维、弹性面料都是制作热裤的理想面料。年轻女性愈来愈热衷于展现身体的线条，性感革命撬开了更多时尚的大门。

这股热潮过去之后，热裤风光不再，人们默然遵守着得体的着装礼仪。

海魂衫

条纹在中世纪的欧洲，是囚犯、小丑和妓女的象征，作为一种邪恶且代表卑微身份的图案，鲜少有人问津。直到 1858 年法国布列塔尼半岛的海军为了方便作业及目标定位，将条纹印于海军制服上。曾经卑微的条纹似乎一夜间充满了理想主义色彩。

原始设计的蓝色条纹一共有 21 条，分别代表着拿破仑的每一场胜仗，而海魂衫的学名叫作布列塔尼纹衫。后来英国海军也有样学样，条纹衫逐渐在西方各国的海军中传开。1889 年后，由于大量生产，条纹很快在工人群体中流行起来，以至于后期席卷了整个法国北部。1913 年，可可·香奈儿到布列塔尼度假时受到启发，又将这种条纹衫引入女性时尚中，与宽松的长裤搭配。这样休闲又摩登的穿搭很快受到了上流社会女性的欢迎。

我们记忆中的条纹衫，是 1950 年代由苏联传入中国，作为海军内衣的衣物，并赋予了它一个朝气蓬勃的名字，海魂衫。翻看 1980 年代中国的摇滚青年旧照，几乎没有人不穿海魂衫的。这件被图腾化了的简单条纹衫，以不同的方式烙印在国人一代代的记忆中。在今天这个被娱乐和商业裹挟的时代，布列塔尼纹衫就是简单、轻松、幽默的标签，而我们仍习惯称它为记忆中的名字，海魂衫。

比基尼

1950 年代诞生的比基尼以原子弹试爆的小岛命名，足可见它在当时石破天惊的震撼力。

人类花了漫长的时间穿上衣服，而脱下这些繁复的衣饰仿佛只用了一瞬间。尽管在当时反对甚至声讨声不断，但都无法遏制比基尼在全球范围内流行起来。长久以来的男权社会让女士服装被视为男人套在女人身上的枷锁，当女权运动势如破竹时，任何勒令女性穿起衣服的行为都被视为对女性的敌视。

很快，各式各样的“天体营”取代了比基尼开始流行，裸泳也变得时髦起来。当初被视为“政治上进步”的比基尼很快成为保守的代名词。当女人真的脱光时，全世界做比基尼生意的资本家联合起来宣布：裸体一点美感也没有。这让女人们又重拾比基尼，将自己的身体微妙地掩饰或展露。

在今天这样一个以瘦为美的年代，对身材没有自信的女人不会轻易穿上比基尼，没有傲人的曲线，穿上比基尼也无法昂首挺胸地走在沙滩上。这样的价值观倒是与当初推广比基尼的初衷背道而驰了。

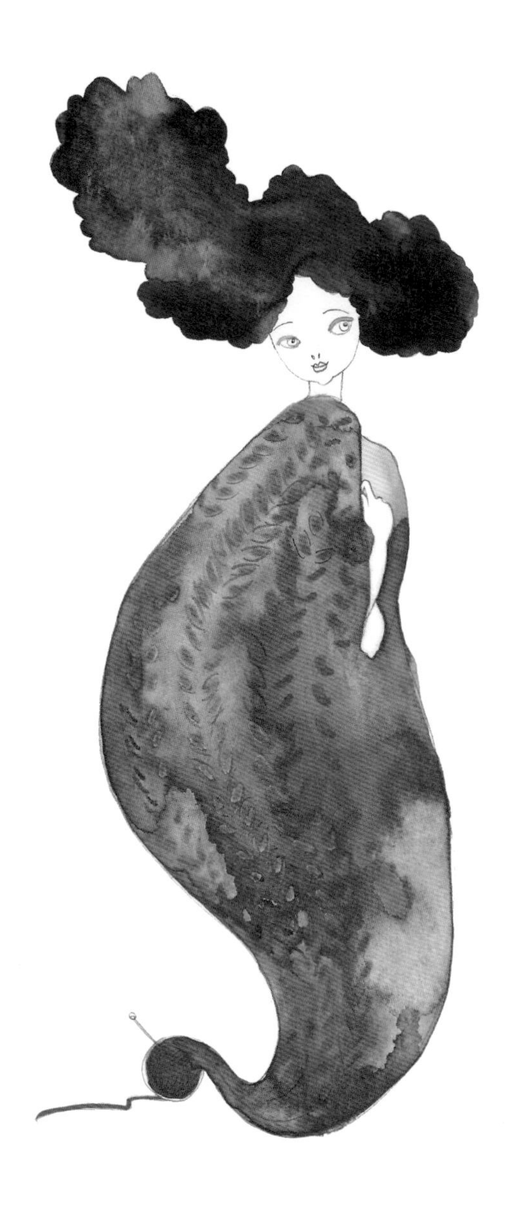

针织

很多影响我们今天着装方式的服饰都是在近 100 年中出现的，有的是源于文化的积淀，有的是因为社会意识及生产力的变革，有的是出于战争的需要。

“二战”期间，尽管已经有日新月异的新技术及新机器代劳，但人们对手工编织的热情仍然不减。《纽约时报》曾有一篇报道如是写道：“手工编织或许同现金支援无法相提并论，但它的鼓励效果是显而易见的。无论是海军的一件蓝色羊毛衫，还是给空军的一顶头盔保暖帽，都必然会引发部队里的热议，尤其是当他们想到这是远在家乡的一位赤诚女子为他们而织的。”不少医生认为织毛衣对治疗创伤后应激障碍很有效果。

这种将纱线相互缠结、编织的技艺发源于中东，辗转流传到欧洲，形成各种精湛的手工技巧。大约在 1589 年，英国一位牧师设计了第一台手动脚踏式袜子编织机，至此可以批量生产小物件的针织品。1930 年代的针织品已不再局限于内衣，它能贴身勾勒出身体曲线又因良好的收缩性丝毫没有束缚感，已有新技术支持的服装生产商开始大批量生产成人针织衫。不过它一开始是为多数普通人而存在的，直到艾尔萨 · 夏帕瑞丽女士设计了一款极具艺术性的错视蝴蝶结针织衫，令时尚界人士纷纷侧目。针织面料从此在奢侈单品中有了自己的一席之地。直到今天，几乎所有的高级时装品牌都会有一条专属的针织产品线。

海军外套

海军外套的源头众说纷纭，比较普及的一种说法是它最早出现在 1720 年代，被欧洲和后来美国海军的水手穿着。它还有一个更可爱的名字是“豌豆外套”（pea coat），源于荷兰语中 Pijjekker 一词，这是用来制作海军外套的粗羊毛织物的名字。

虽然荷兰人被认为发明了海军外套，但英国海军才是真正让海军外套得到普及的人群。英国版的外套同样是为海军任务而设计，特别是军官制服。美国海军也同样效仿了这种制服，在航海中，海军外套不仅耐用，还可以承受雨水、狂风、极寒等恶劣遭遇。外套的后背中心线下方有一个巧妙的开衩，这样的设计使海军在船上作业时更利于攀爬及其他大幅度行动。大多数的海军外套是有特色的双排扣和翻领，同样也是起到严密保护身体的作用。更有趣的设计是，正统的海军外套的扣子都会刻有锚的图案。

帅气利落的外形，让海军外套不分国界、不分性别地流行着，标志性的蓝色和双排扣成为一种风格，是无数现代时装设计的灵感源头。

苏格兰纹

19 世纪末，英国较有权势的家族几乎都有自己专属的苏格兰格纹，私有的格纹图案可以被登记在案，成为独特的标识。这和苏格兰的文化遗产及各个地区的家族史是分不开的，不同颜色和大小的格纹被用来区分不同地区的居民。大约在 16 世纪，格纹在苏格兰地区已经很普遍了，在当时大约产生了 180 种格纹。直到今天，苏格兰首府爱丁堡每年仍会举行盛大的集会，各个部族代表会身着自家的苏格兰纹服装，自豪地吹着风笛游行。各个部族的历史及渊源是难以考究了，单看这些部族名字，贝尔德、布鲁斯、科克本、坎宁安、伦诺克斯……对应的是各不相同令人眼花缭乱的各式格纹……

今天最常见的格子图案之一是皇家斯图尔特格子呢，也是地位最高最著名的一款皇家格纹图案。正红的底色上横纵排列着蓝、浅黄、白相间的粗细条纹。这是英国女王伊丽莎白二世的个人专属格子呢。这种鲜艳夺目的格纹经女王的许可，开始出现在各个知名品牌的设计中。1970 年代所风行的朋克潮流中，斯图尔特格纹便是不可或缺的元素。反叛的薇薇安 · 韦斯特伍德（Vivienne Westwood），鬼才亚历山大 · 麦昆都钟情于这款格纹，借由它的经典做出了更多的设计。格纹已经被写进大不列颠的历史，如今仍影响着全世界。

靛蓝

1666 年的某一天，艾萨克·牛顿（Isaac Newton）在房间里完成了光和三棱镜的实验，他发现所有的颜色都包含在白光之中，他就此把颜色列表从五种提升到七种，加上了橙色和靛蓝。这个世界有上百种蓝色，他却偏偏选择了靛蓝，这意味着什么呢？色彩缤纷的时尚界里，为什么靛蓝始终可以占据一席之地？也许正如电影《穿普拉达的女魔头》中的“女魔头”所说：“蓝色，代表的是百万美元的价值，代表的是难以计数的工作机会……你以为蓝色只是你一个人的选择，你以为你置身于时尚界之外。事实上，你穿的这件毛衣，是在这个房间里的我们帮你从一大堆衣服中选出来的。”

靛蓝染料是一种独特而历史悠久的蓝色有机化合物，作为一种曾经罕见的染料，靛蓝只能从植物中提取，而将靛蓝转化为染料的古老添加剂竟然是尿液。其实能够制造靛蓝的植物在世界各地有上百个品种，大部分都是灌木，但当时并没有被完全发现。印度作为公认最早的靛蓝生产和加工中心，很早就将靛蓝出口到希腊和罗马，当时的靛蓝被视为奢侈品。整个中世纪，靛蓝在欧洲都是一种罕见的商品。文艺复兴时期，艺术家用靛蓝为教堂绘制壁画，会将黏土加上一点靛蓝来代替更为珍贵的群青。17 世纪末，欧洲在印度群岛和美洲的殖民地建立起奴隶种植园，靛蓝也开始成为当地主要作物。在几个世纪内，无论是王室还是平民，对靛蓝的需求是无止境的，围绕这种蓝色的经济利益斗争也从未停歇。

19 世纪末，合成靛蓝染剂被德国化学家阿道夫・冯・贝耶尔 (Adolf Von Baeyer) 发明，他也因此获得了诺贝尔化学奖。在商品经济的今天，天然靛蓝早已不能满足人类对染料的需求，大多数的商业染色都在使用合成靛蓝，尤其是很多著名的牛仔裤品牌。这样对环境造成了很大的负担，因此已经有人开始呼吁增加天然染料的可能性。

《穿普拉达的女魔头》里，安妮・海瑟薇 (Anne Hathaway) 扮演的实习生在进入时尚杂志社的第一天就因为不在乎对蓝色的分辨，而遭到上司一顿鞭辟入里又刻薄的教训。在蓝色的世界中，果真有如此多的门道吗？是的。单单一个靛蓝，就有如此悠远的历史。

马丁靴

一名“二战”时期的德国军医——克劳斯 · 马腾斯（Klaus Martens）在巴伐利亚的阿尔卑斯山滑雪时不慎摔伤了腿，标准化的军靴让他受伤的脚苦不堪言，他萌生了设计一款走路更轻松的“空气气垫鞋底”的想法。他没有想到，这款发明最终成为亚文化的代表物，是光头党、朋克与足球迷的最爱，也是世界上最著名的鞋子之一。

一开始马滕斯的鞋子并没有卖得多成功，直到他与曾经的大学同学赫伯特 · 福克（Herbert Fogg）合作成立了马丁大夫（Doc Martens）品牌。他们用德国空军的废弃橡胶做鞋底，舒适而耐磨的鞋底让人们很快开始喜欢这款靴子。刚开始的穿着人群大多是体力劳动者，如邮差、建筑工人。

1959 年，他们的公司被英国制鞋厂 R.Griggs 集团收购，在英国生产的马丁靴除了稍微改变鞋跟的形状外，还添加了标志性的黄色缝线。穿鞋带的孔眼却越来越多，由最早的 8 孔增加到 14 孔甚至更多，装饰的意味愈加浓烈。当时的英国光头党开始穿着马丁靴，配上他们个性的包腿紧身裤，没有比这更恰如其分的装扮了。

年轻人喜欢穿着马丁靴，让自己看起来更像一个反叛者，而不是乖乖听话的角色。从 1970 年代末到 1980 年代初的新浪潮和朋克音乐兴起的那段时间，马丁靴是反文化和尖端风格的代表。当时著名的性手枪乐队成员都脚踩标志性的 8 眼靴。

在商品浪潮化的今天，英国公司的马丁靴早已在中国及泰国进行生产，而非原产地，但并没有影响它依然坚挺地被一代代年轻人踩在脚下。

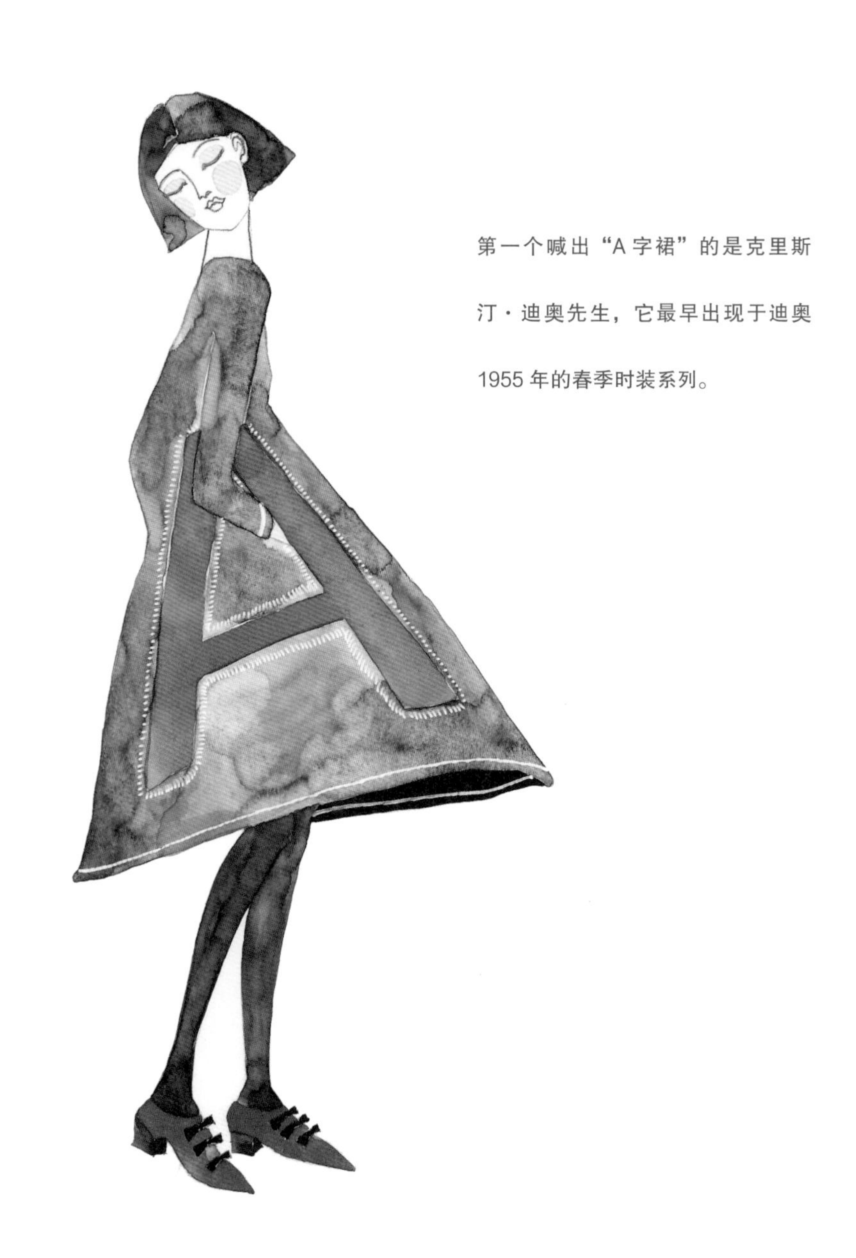

第一个喊出“A 字裙”的是克里斯汀·迪奥先生，它最早出现于迪奥 1955 年的春季时装系列。

A字裙

“A”型，“H”型，“Y”型，被赋予感性的定义，塑造出摇曳生姿的女性身体轮廓。A字裙顾名思义，指上身和腰围处较窄，下摆逐渐扩大的裙装。穿上A字裙，奇妙的视觉效应出现了，穿着者往往比实际年龄看起来年轻不少，双腿立刻变得修长，近乎夸张的修长。

然而，1950年代的人们仍然热衷于强调身体曲线的女性着装，性别特征的凸显在服装设计中依然重要。沙漏身形，是男性对女性身体的极致幻想，在女性独立意识远不及今日的当时，也就成为了女性的自我追求与自我约束。人们拒绝轻盈活泼的A字裙。

接下来的20年，这一固守的审美模式被打破，A字裙大行其道。美国第一夫人杰奎琳·肯尼迪(Jacqueline Kennedy)就非常喜爱A字裙，甚至对当时的时尚产生了深远影响。世界各国的年轻女性都羡慕第一夫人的风格，一旦她开始穿一条新的A字裙，便有几百万人效仿。到1980年代，新的文化理念和服装风潮兴起，A字裙几乎完全消失了。有趣的是，后期的杰奎琳·肯尼迪完全摈弃了唯美优雅的着装风格，脱下裙装，引领起奢侈休闲风，另一种Jackie look。

近年来复古风盛行，A字裙再度回归。重要的是，当下的你穿上任何一款衣服，不必再将性别归属放在首位，喜欢就行。

指甲油

人类的爱美之心亘古未变，连指甲这样的细枝末节也没被忽视，被施以各种色彩而令静态或动态的女人的手绚烂起来。当然，亘古未变的，还有这种不实用的绚烂并不适合劳作之手。三千多年前的中国贵族女子很爱把指甲染成非常具有未来感的金色、银色，秦汉时的贵妇们则热爱红、黑二色，这也是当时社会只属于贵族的颜色。明朝时指甲油的制作工艺已非常专业，宫廷女子使用蛋白、蜂蜡、植物染料、明胶及阿拉伯胶制成的混合物为指甲上色，民间女子则以低成本的兰花、玫瑰、凤仙花花瓣汁液，混合明矾后涂抹于指甲，美其名曰“蔻丹”。阶级的不同，并不妨碍对美的追求。指甲油的阶级划分同样体现在古埃及，皇室通过不同的指甲颜色对民众进行严格的等级划分。

较低的阶层只能涂抹低调无华的淡色指甲油，鲜艳夺目兼具威慑效应的红色，只会出现于最高阶层的贵族指尖。克利奥帕特拉只涂血红色指甲油。漫长的中世纪时期，整个西欧的压抑从思想蔓延至指尖，毫无疑问，那 1000 年中几乎所有女人的指甲都异常素净。这一局面随着文艺复兴的到来而终止。被忽略了太久的指尖再度被关注，过分地花团锦簇起来，贵妇们用羚羊皮对指甲进行抛光，后来又将有色粉末与奶油混合后涂抹指甲并抛光，直至指甲闪耀着自然、细腻的光泽。

如今的指甲油当然不再与等级和地位相关联。不同颜色的指甲被视为时尚品味与装扮智慧的体现。尼娜 · 加西亚（Nina Gacia）曾说：“指甲油绝不能与平庸为伍，要么就涂艳丽大胆的猩红色，要么就涂淡得几乎看不出的粉色。如果无法决定选用什么颜色，那就用透明的指甲油，它让你看上去洁净干练，且妆容完整。”以美艳著称的阿根廷国母贝隆夫人，在去世前让美甲师为她的指甲涂上一层透明清漆，以代替她此前一直使用的正红色指甲油。大约那时的她已经预见到自己的遗体将会被无数人瞻仰。

时装中的解构主义

在从前，服饰就是服饰，没有被赋予更多的设计语言，形而上的意义更是无从谈起。1960 年代的解构主义在西方形成哲学思潮，挑战所谓正统标准的原则。这种打碎、重构各种逻辑关系，创造新意义的理念也极大地冲击了时装设计领域。

设计和反设计变得同样重要，一件衣服是可以有意义、有观念的。

这样的事情在以前闻所未闻，新兴事物总是会吸引敏感而有勇气的人。薇薇安 · 韦斯特伍德可以说是最早开始将解构运用到时尚创作中的设计师，大量撕裂、破洞的重组方式在新款时装中出现，暗示着创作的过程，对抗一直以来人们认为“服装必须完美”的固有观念。而一群卓越的日本设计师，如山本耀司、川久保玲等，提出了黑色和灰色可以是服装主色调的新观念，这些服装用磨损的纺织品制成，包裹身体的是独有的设计措辞而非强调舒适，东方的设计理念第一次向西方壁垒森严的时尚世界投下了一枚原子弹。

时尚是趋于琐碎的、戏剧化的审美，而且遵循不定性的商业规则，这完全与哲学世界严肃、真实、坚定的态度背道而驰。解构主义让时尚与哲学走到一起，给了太多设计师一个诉说真实心声的机会。

高跟鞋

人类对鞋子的迷恋，可以追溯到几万年前。鞋子出现的初衷是保护脚部不被尖锐的地面划伤，可是无一例外的，一种服饰的兴起无论是否源于实用性，最后都会沦为象征身份的装饰。如今让所有女性欲罢不能的高跟鞋，最早是古埃及贵族参加祭祀时穿着的厚底鞋。而在古希腊，最早穿厚底鞋的是屠宰场的屠夫，目的是避免双脚沾上地面的血水。

真正意义上的高跟鞋，其实是为了保障人们骑马时行动便利而出现的。原本单一的鞋底变成了两部分，鞋底和鞋跟。当时的鞋后跟大约 2 ~ 4 厘米，和今天的高度不可同日而语。不管怎样，这个据说是列奥纳多 · 达 · 芬奇想出来的设计很快风靡了意大利，而且在法国国王路易十四身体力行的推广下，成为整个欧洲上层阶级的必备服饰。

随着之后洛可可时期繁复张扬风的盛行，鞋跟越来越高，设计也越来越纤巧，愈加女性化。到了现代，更是无所不用其极，20 厘米的鞋跟、花样百出的变形鞋，如亚历山大 · 麦昆设计的驴蹄鞋，曾有模特因为难以承受其鞋跟的高度而在后台崩溃大哭。

鞋子是用来保护双脚的，使脚掌不变脏、不被石头硌伤，而这对于高跟鞋来说毫无意义。长久地穿高跟鞋会使脚部变形，由于趾骨长期受到挤压，严重的话还会被截肢。从这一点上来说，高跟鞋与三寸金莲的差别也不大，但为什么长久以来受到女性的热烈追捧？英国作家琳达 · 格兰特（Linda Grant）曾在她的书里说，就是在那个早晨醒来的时候，我知道我一定要有一双高跟的、穿起来不是很舒服的，事实上根本不可能舒服的鞋。它所传递的信息是 —— 醒目，活出精彩。

运动鞋

从健身所需到高级时装单品，运动鞋地位的上升，可一窥嘻哈、NBA 等潮流文化几十年间对时尚潜移默化的影响。“一战”之后，西方政府发现不得不面对巨大的生命损失而导致的生产力下降，于是开始号召全民大规模健身。随着健身人群的增加，机会主义的实业家开始大规模生产运动鞋，匡威（Converse）橡胶鞋公司在 1908 年创立，仅仅九年后，他们就制造出了第一款专门针对篮球运动员的鞋子，并对篮球运动员进行赞助。这种营销手段被之后更成功的运动鞋品牌耐克（Nike）发挥到极致。

美国运动鞋市场是一个每年营业额令人瞩目的行业，运动文化已经渗透到美国主流文化的方方面面，而与体育明星合作的广告营销和青年文化对运动鞋普及的影响达到了相辅相成的效果。当迈克尔 · 乔丹（Michael Jordan）在 1984 年签下一份广告合同，穿上名为 Air Jordans 的一款耐克鞋时，运动鞋便已不再仅仅属于体育。

我们穿着各色不同的运动鞋打篮球、打网球、跑步，或者什么也不干，有弹性的胶底鞋或气垫鞋让我们的双脚得到极致放松。这股持续到当下仍没有丝毫退却之意的时尚风潮，几乎让我们忘却在 18 世纪末只有穷人才会穿橡胶鞋，因为橡胶制成的鞋型粗糙到无法区分左右脚。

人造珠宝

在莫泊桑（Maupassant）写下短篇小说《项链》时，人造珠宝已经出现了一百余年。起初，珠宝商用廉价的玻璃制作件来代替价格不菲的珠宝，19 世纪，由半珍贵材料制成的人造珠宝已经颇有市场。不久后，装饰艺术、现代艺术的风潮衍生出许多有趣的造型及设计，人造珠宝迎来了自己的黄金时代。

法国设计师保罗 · 波列（Paul Poiret）是最早将人造珠宝使用到自己设计中的高级时装设计师。而可可 · 香奈儿和另一位意大利女设计师艾尔萨 · 夏帕瑞丽，则更多地改变了人造珠宝在那浮华年代的地位。

香奈儿的态度很直接，她认为珠宝是用来为服装做装饰的，而不是一种炫耀财富的工具。她将人造珍珠制作成鸽子蛋大小，或把人造宝石染成非自然的颜色。香奈儿在 1924 年开设了她的第一间珠宝工作坊，将人造宝石、人造珍珠与天然宝石混在一起，大胆地创作出了夺人眼球又充满魅力的首饰。

而艾尔萨的设计则充满新奇感与幽默感。蛇形的帽针、溜冰鞋式样的胸针、没有镜片的镜框等等，在当时个性而有趣，受到一大批支持者的追捧。而香奈儿和艾尔萨两位同时代的设计师，关系却可以用水火不容来形容。艾尔萨提起香奈儿，总说她是“沉闷的小资产阶级”，而香奈儿则直接以“那个做衣服的意大利女人”来称呼艾尔萨。其实她俩都是那个时代最为闪耀的设计师。

时至今日，人造珠宝在我们生活中所占的比例早已压倒性地胜过天然珠宝，最大的原因当然是价格，同时每年更新的款式让我们可以有更多随心所欲的选择。无关虚荣，仅仅是为了取悦自己，是不是赝品，这个争论早已过时。

铂金包

这款于 1984 年推出的手提包，以长期居住在法国的英国歌手简·柏金（Jane Birkin）命名，设计的初衷是为了让她能把所有乱七八糟的婴儿用品全部装进一个结实耐用的大包。坊间有简大大咧咧地拎着这款包去买菜的佳话，但实际上一般人真的会把蔬菜瓜果装进一个 6800 美元起价的包里吗?

铂金包无疑是爱马仕 40 多款包型中最昂贵的一款，其中的鳄鱼皮铂金包可以卖到 22 万美元。高昂的价格甚至盖过了同时代所有的其他奢侈品包。

一条生活在爱马仕品牌专属鳄鱼养殖场中的鳄鱼，被喂食各种天然猎物，在养殖工人的悉心护理下不会让皮肤出现任何一丝伤口，每天的水中生活自由惬意。这一切终止于它长到 700 公斤、获得被屠杀而成为制作铂金包的资格之时。

一只 25 厘米规格的铂金包除去构思设计的 48 个小时，制作需耗时 18 个小时，由顶级工匠手工完成。每只爱马仕铂金包在金属包扣背面都带有一组包含一个字母和数字的标识。字母表示生产年份，数字则是制作工匠的身份代码。

几乎所有的一线奢侈品牌都会用各种方式标榜自己对原材料选择的良苦用心，以及工匠精神。而这两者似乎并不能与高昂的价格挂钩，那么也许和物以稀为贵有关。

铂金包在爱马仕的店里需要预订购买，这意味着它永远紧俏。想要的人太多，而工匠只有那么几个，所以大家唯有耐心等待 6 个月到两年的时间。维多利亚 · 贝克汉姆、玛丽亚 · 凯莉 (Mariah Carey)、金 · 卡戴珊 (Kim Kardashian)、卡拉 · 布吕尼 (Carla Bruni) ……都是铂金包的拥趸。名人效应让更多的女人也想拥有一款同样的包。

野心、上进心、虚荣，从来就难以区分明确。有钱女人想拥有更多的铂金包，普通女孩努力打拼也要拥有一只铂金包。在欲望的驱使下，人们购买某件商品并不是为了使用它，而是在大众传媒和流行文化的强烈影响下，满足于占有一个并不会去使用的物体。铂金包的名气早已盖过它的缪斯简 · 柏金，但其实简在近几年为了慈善事业将自己的 4 个铂金包全部拍卖。

阔腿裤

1920 年代的欧洲时尚被神秘旖旎的东方元素吸引，柔滑慵懒如睡衣一样的衣裤被女人们像宝贝一样穿在身上，东方女性般细腻温润的丝绸和天鹅绒令她们沉醉。流行的阔腿垂地长裤也和这个时代一样，流露着精致惬意的风情。而女性在当时穿着长裤，即使是阔腿裤这样类似于裙裤的宽大款式，也是一种先锋行为。随后，时髦的女性开始穿着高腰剪裁，显露腰身的阔腿裤，她们尤爱穿着一条勾勒蛮腰的阔腿裤舒展地躺在沙滩上。

这个时期的许多女性，包括可可 · 香奈儿都钟情于穿着阔腿裤时如男子般潇洒高挑的身姿。据说凯瑟琳 · 赫本（Katharine Hepburn）在拍摄电影时，不断身着各种阔腿裤出镜。惊讶的工作人员要求她换上裙子，遭到她的断然拒绝。穿着阔腿裤，在当时也意味着对传统的女士裙装说不。

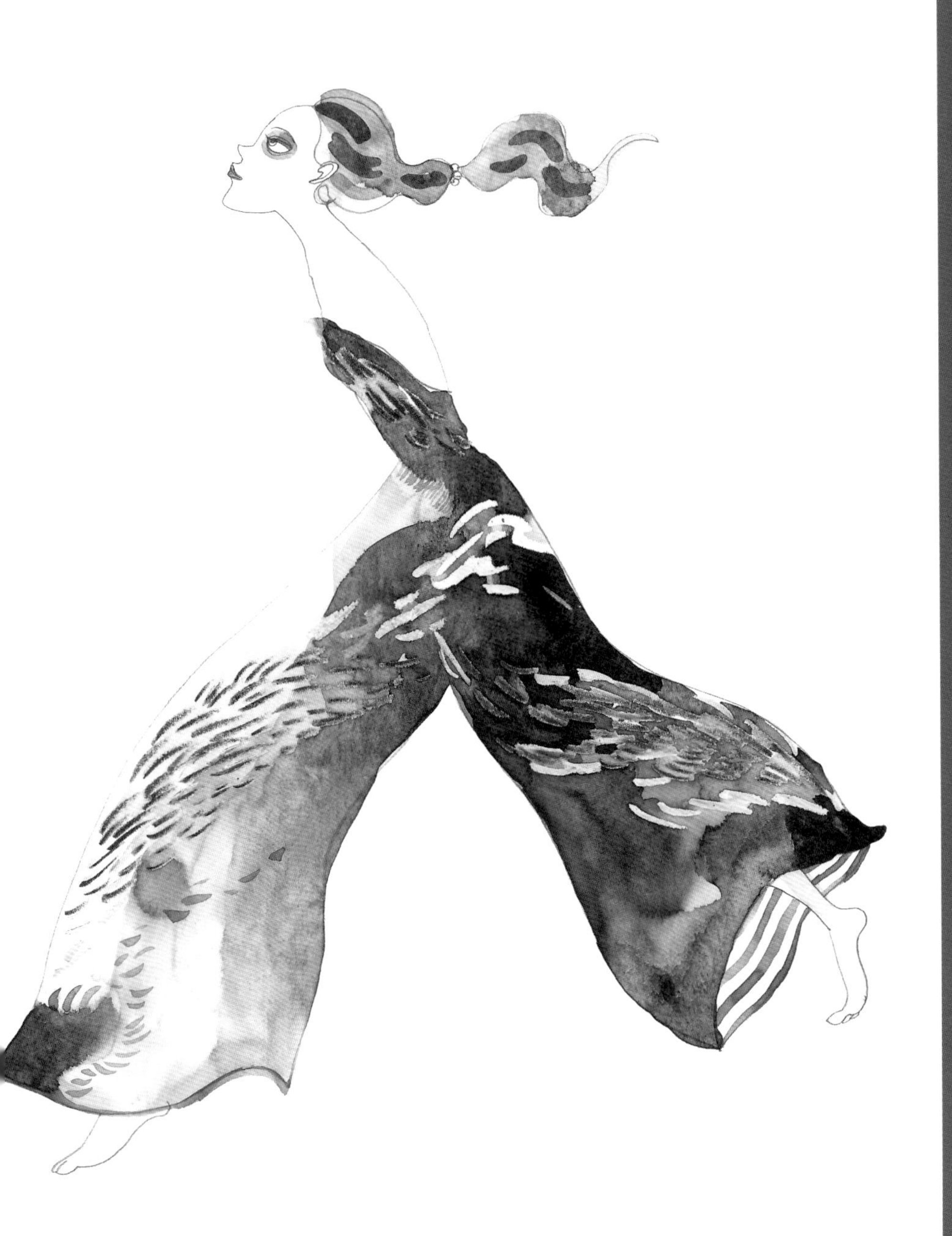

军装风格

1940 年代有一张著名的照片，“时尚不可摧毁”。摄影师将镜头锁定在被战争摧毁的伦敦都市，一位衣着优雅的女士背影与城市废墟截然对立。人类顽强的求生本能，也许也可以表现为无论何时何地也要展现自己最好的一面。

“一战”结束后，女性服装开始改良，许多女性都试着接受更为理性的服饰风格，开始穿着简洁的裙子和仿男士的衬衫。更为实用的着装背后是社会观念的进步，女性有越来越多的机会，可以利用自己从操持家务中积累的经验从事管理类工作。

相较“一战”，“二战”对时尚产业产生了更为深远的影响，并且一直延绵至今。由于物资紧缺，衣物开始实行配给制，时装创新的欲望被对实用性服饰的需求所取代，战争改变了人们在工作和家庭中穿衣服的方式。服装和配件制造商在战争中也看到了潜在的商机。

双排扣西装被改为单排扣，口袋数量受到限制，对制服的需求增加，原材料和劳动力都必须远离民间生产，以确保从篷布到轮胎部件的织物可以首先满足军事用途。在当时，英国四分之一左右的人口有权穿着军装，妇女辅助部队穿着军装制服也成为街头常见的风景。为了在睡梦中最快地躲避空袭，一体式拉链连体裤被发明。“二战”时兴起的各种军用制服，飞行员夹克，墨镜，“豌豆外套”，迷彩服，白色 T 恤，惠灵顿靴，工装裤等服装款式，在和平年代依然被大众喜爱。

无论时尚界还是平民大众，一直以来对军装风格的服饰情有独钟，当然不仅仅是因为军装的实用性，而是军装风格独有的犀利美感。

人们没有能力改良他们的生活情形，他们只能够创造他们贴身的环境，

我们各人住在各人的衣服里。

——张爱玲

她与服饰

张爱玲说过，生命是一袭华美的袍子，上面爬满了虱子。她在文中写尽一切关系，彻骨清醒到残酷的地步，然而对衣饰却总是宽待的，甚至可以说很温柔了。在《更衣记》里，她很细致地描述各种花色的袄子，各种式样的袖子、领子、滚边，温情地承认，“唯有世上最清闲的国家里最闲的人，方才能够领略到这些细节的妙处。”也一针见血地指出，“时装的日新月异并不一定表现活泼的精神与新颖的思想。恰巧相反，它可以代表呆滞。由于其他活动范围内的失败，所有的创造力都注入衣服的区域里去。”

有一张流传很广的照片，是她和当时名噪一时的女明星李香兰的合影。一个人的服装背后，总是有一番心思的。女作家说过她喜欢参差的对照，裙子自然是华丽的大花，斜坐在椅子上的她倒比身后站着的女明星更多了几分风流的自持，脸上是低调的孤芳自赏。而女明星倒像是陪衬一般，穿戴朴素地站在后面，好脾气地微笑。很多年后张爱玲把这张照片收进她的书里，也抱歉地写过这一段，表示自己坐着是因为个头太高。

她穿衣服是妖异的，一股衣不惊人誓不休的气势，喜欢葱绿配桃红，旗袍配短袄，“好像穿着博物院的名画到处走，遍体森森然飘飘欲仙”。正如她在《小团圆》中表白那样：“一件考究衣服就是一件考究衣服，于她自己，是得用；于众人，是表达她的身份地位，对于她立意要吸引的人，是吸引。”

她说，出名要趁早，熙熙攘攘的时尚界也持同样的态度，时尚讨好年轻人。张爱玲晚年时，着装素雅了许多，多半是剪裁宽松的毛衣，印花衫和呢子外套，与她年轻时的傲然睨视完全不同。穷病交加的她，1995 年逝世于公寓里一张小小的行军床上，据说当时的她穿着一袭磨破了领口的褐红色旗袍。